ANSYS
Workbench
项目分析
与案例实操详解

冯渊　李迪　邹创◎编著

北京大学出版社
PEKING UNIVERSITY PRESS

内 容 提 要

本书从工程实例出发，介绍了ANSYS Workbench 2022 R2软件的前处理、模拟计算和后处理分析的全过程，重点解决ANSYS Workbench的实际操作和工程问题。

本书以ANSYS Workbench 2022 R2为基础，一共讲解了17个案例，依次为电机转子离心力强度分析、光伏跟踪支架模态分析、轮胎接触分析、发电机风扇过盈配合分析、螺栓预紧力仿真计算、球头弹塑性仿真计算、弹簧板的线性屈曲分析、转子临界转速计算、光伏跟踪支架檩条强度分析、电机铁心谐响应分析、矿用机架地震响应谱分析、光缆部件温度场分析、二维齿轮动态分析、CT机架预应力模态分析、曲轴连杆刚体动力学分析、方形框架起吊强度分析和轴柄疲劳仿真计算。

本书工程背景深厚，内容丰富，适合机械、航空航天、材料、能源等专业的本科生、研究生和工程技术人员参考学习。通过本书的案例讲解，读者能够熟练掌握ANSYS Workbench 2022 R2软件的实用操作，同时也能理解软件在工程应用中发挥的重大作用。

图书在版编目(CIP)数据

ANSYS Workbench项目分析与案例实操详解/冯渊，李迪，邹创编著. —北京：北京大学出版社，2023.6
ISBN 978-7-301-33802-5

Ⅰ. ①A… Ⅱ. ①冯… ②李… ③邹… Ⅲ. ①有限元分析—应用软件 Ⅳ. ①O241.82-39

中国国家版本馆CIP数据核字（2023）第038196号

书　　　名	ANSYS Workbench项目分析与案例实操详解
	ANSYS Workbench XIANGMU FENXI YU ANLI SHICAO XIANGJIE
著作责任者	冯　渊　李　迪　邹　创　编著
责 任 编 辑	王继伟　吴秀川
标 准 书 号	ISBN 978-7-301-33802-5
出 版 发 行	北京大学出版社
地　　　址	北京市海淀区成府路205号　100871
网　　　址	http://www.pup.cn　　　新浪微博：@北京大学出版社
电 子 信 箱	pup7@pup.cn
电　　　话	邮购部 010-62752015　发行部 010-62750672　编辑部 010-62570390
印 刷 者	河北文福旺印刷有限公司
经 销 者	新华书店
	787毫米×1092毫米　16开本　15.25印张　346千字
	2023年6月第1版　2023年6月第1次印刷
印　　　数	1—2000册
定　　　价	79.00元

前 言
INTRODUCTION

计算机辅助工程（Computer Aided Engineering，CAE）指用计算机辅助求解分析复杂工程和产品的结构力学性能，以及优化结构性能等，把工程生产的各个环节有机地组织起来。目前 CAE 仿真技术已经广泛地应用到各个领域，在产品开发周期中具有越来越重要的作用。ANSYS Workbench 是一款强大的有限元仿真软件，可以用来进行静态结构分析和动态分析、线性与非线性研究、流体分析、电磁场分析，更能够进行多物理场耦合分析计算；同时，ANSYS Workbench 人性化的人机交互界面、简洁的操作、一目了然的分析流程图，使得它被越来越多的用户所使用。

本书特色

- 视频教学：作者为本书录制了相应的配套教学视频，可帮助读者高效、直观地学习重点内容。
- 案例丰富：本书算例涉及各方面分析，读者可以根据自己的需求，重点关注和学习需要的案例。
- 经验总结：全面归纳和整理作者多年的ANSYS Workbench实践经验，通过各个案例将ANSYS Workbench的应用详细介绍给读者。
- 内容实用：结合大量实例进行讲解，对案例操作的关键参数设置提供了详细的描述，便于读者更好地理解和掌握。

本书内容

ANSYS Workbench 2022 R2 版是 ANSYS 公司推出的最新版本，本书内容详略有序，从 ANSYS Workbench 软件的各个分析模块出发，通过各个工程案例将 ANSYS Workbench 的应用详细地介绍给读者。本书一共 18 章，第 1 章主要介绍了 ANSYS Workbench 软件和有限元分析基础；第 2~18 章介绍了 17 个案例，分别为电机转子离心力强度分析、光伏跟踪支架模态分析、轮胎接触分析、发电机风扇过盈配合分析、螺栓预紧力仿真计算、球头弹塑性仿真计算、弹簧板的线性屈曲分析、转子临界转速计算、光伏跟踪支架檩条强度分析、电机铁心谐响应分析、矿用机架地震响应谱分析、光缆部件温度场分析、二维齿轮动态分析、CT 机架预应力模态分析、曲轴连杆刚体动力学分析、方形框架起吊强度分析、轴柄疲劳仿真计算的案例。本书对各个案例从几何模型到材料赋予、网格划分，再到计算求解、结果后处理的整个分析过程都进行了详细的讲解，能够帮助读者快速理解和掌握 ANSYS Workbench 的应用方法。

作者介绍

冯渊：浙江大学固体力学专业硕士研究生，工作多年来，先后在多家国企和央企就职，对 CAE 有限元仿真有深厚的理论基础和实战经验。主要从事重型设备和电动机产品的结构强度仿真研究工作，工作期间，技术成果丰硕，发表多篇论文，登记多个软件著作权，申请多个发明专利。

李迪：南京航空航天大学固体力学专业硕士研究生，理论基础和项目实战经验丰富，工作多年来，先后在多家主机厂工作，主要从事底盘结构疲劳耐久研究工作。

邹创：西安交通大学机械工程专业博士研究生，具备扎实的静、动力学理论分析基础。长期从事大型旋转机械设备和新能源装备的研发设计工作，擅于利用有限元分析方法解决实际工程问题，常被能源央企客户邀请，作为专家提供技术咨询服务。

资源下载

本书附赠学习资源，读者可以扫描右侧二维码关注"博雅读书社"微信公众号，输入本书 77 页的资源下载码，即可获得本书的下载学习资源。

本书读者对象

- 初学ANSYS Workbench的技术人员；
- 大中专院校的教师和在校生；
- 初入职场的工程师；
- 广大科研工作人员；
- ANSYS Workbench爱好者；
- 相关培训机构的教师与学员。

目录
CONTENTS

第 1 章
有限元分析基础与 ANSYS Workbench 简介

　　计算机辅助工程（CAE）技术对产品设计研发的影响日益突出，其在提高产品设计质量、缩短设计周期和降本增效等方面发挥了越来越大的作用，通过计算机辅助求解分析复杂工程和产品的结构力学性能，能够有效地把生产的各个环节有机组织起来。

　　目前 CAE 的应用领域非常广泛，已经从最初的结构静力学分析，发展到结构动力学、流体力学、热力学、电磁学和多物理场耦合等多个领域。

1.1 有限元分析基础

有限元分析（Finite Element Analysis，FEA）基于数学与力学原理，通过计算机分析手段，对复杂工程及科学研究中的问题进行离散化求解，最终获得定量化的结果。一般而言，有限元分析应包含 3 个方面：

（1）有限元方法的基本数学、力学原理。

（2）基于数学模型表示的物理定律构成的分析软件。

（3）软件所对应的计算机硬件。

1.1.1 有限元方法

有限元方法发展至今，常用的分析方法主要有有限差分法、有限单元法和有限体积法等。

有限差分法的主要原理是直接差分近似微分方程中的微分项，再将微分方程转换为代数方程组求解，将求解区域用与坐标轴平行的一系列网格线交点组成的点集来代替，在每个节点上将控制方程中的每一个导数用相应的差分表达式来代替，从而在每个节点上形成一个代数方程。每个方程汇总包括了本节点及其附近一些节点上的未知值，求解这些代数方程就获得了所需的数值解。

有限单元法的基本求解思想是把计算区域划分成有限个互相不重叠的单元，在每个单元中选择一些合适的节点作为求解函数的差值点，然后通过取定的插值函数将其内部节点的位移用单元节点的位移来表示，随后根据连续介质整体的协调关系建立包括所有节点未知量的联立方程，最后使用计算机求解该方程组以获得需要的解。

有限体积法又称为有限容积法或控制体积法，其主要用于计算流体力学，基本思路是将计算区域划分为一系列不重复的控制体积，每一个控制体积都有一个节点作为代表，将待求的守恒型微分方程在任一控制体积及一定时间间隔内对空间与时间作积分。有限体积法是有限差分法和有限单元法的结合。

1.1.2 有限元分析组成

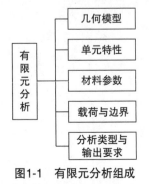

图1-1　有限元分析组成

有限元分析主要由几何模型、单元特性、材料参数、载荷与边界、分析类型与输出要求构成，如图 1-1 所示。几何模型一般通过三维设计软件创建而成，但在分析前一般要进行相应的修复，去除不必要的特征。有限元分析中含有多种单元类型，不同的分析项目采用不同的单元类型，单元特性中包含自由度、节点数目与插值阶数、积分方式（完全积分与缩减积分）等。数学模型中的本构关系涉及材料的物理属性，准确的材料参数是获得正确结果的保证。载荷与边界是求解数学模型的充分必要条件，可以对载荷进行必要的简化与等效，同时应当施加符合时间工况的边界条件。有限元的分析类型有多种，可以进行结构分析、热学分析、磁场分析和流体分析；输出要求也有多种，如位移、应力、温度值、速度和压力等。

1.2 ANSYS Workbench简介

ANSYS Workbench 是由美国 ANSYS 公司于 2002 年首次推出的，到目前为止，已经更新到 ANSYS Workbench 2022 R2 版本。ANSYS Workbench 是连接 ANSYS 产品的集成和工作流程平台，提供了现代工业应用最广泛、最深入的先进工程仿真技术的基础框架，将产品设计所需的各种分析工具整合在一起，从 CAD（Computer Aided Design，计算机辅助设计）和网格划分到物理仿真和后处理，并且以图形化的方式管理工程分析过程，实现了分析过程与分析工具的高度统一和紧密结合。与此同时，ANSYS Workbench 提供了强大的 CAD 双向参数互动、强大的全自动网格划分、项目更新机制、全面的参数管理和无缝集成的优化工具等，使得 ANSYS Workbench 平台在仿真驱动产品设计方面达到了前所未有的高度。通过统一的工程分析工作环境，ANSYS Workbench 不但能对产品进行线性、非线性、静力、动力等常规分析求解，而且也可实现真正的基于计算机的虚拟原型模拟系统。

用户也能够配置自己的仿真流程，通过参数管理优化探索，在本地和远程向求解器提交作业，并添加支持第三方软件的 API（Application Program Interface，应用程序接口）。

1.2.1 产品架构与功能

ANSYS Workbench 2022 R2 通过在一个图形框中协调所有仿真数据的传递，能够更加快捷高效地进行设计选择，如图 1-2 所示。ANSYS Workbench 主要具备以下功能特点：

（1）操作自动化，简单易用。

（2）在单个界面中集成多个分析。

（3）通过自动数据传输节省时间。

（4）创建更高保真度的模型。

（5）轻松管理所有 ANSYS 产品的数据。

（6）通过浏览项目图可快速了解工程意图。

（7）通过仿真任务可清楚地查看项目的运行状态。

（8）整合的参数管理及设计探索能力使创新更为容易。

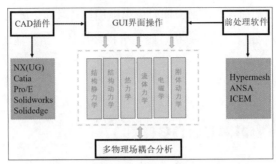

图1-2　ANSYS Workbench分析架构

1.2.2 分析模块

ANSYS Workbench 2022 R2 平台集合了绝大多数的分析模块。图 1-3 是 ANSYS Workbench 2022 R2 的主界面，该主界面主要由主菜单、工具栏、工具箱和工具流程图组成。

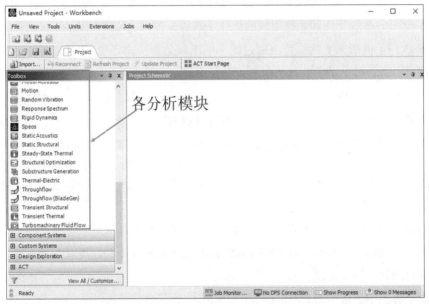

图1-3　ANSYS Workbench 2022 R2的主界面

主要分析模块如下。

（1）ANSYS Mechanical：能够解决复杂的结构工程问题，并做出更好、更快的设计决策。借助套件中提供的有限元分析求解器，可以为结构力学问题定制自动化解决方案，并对其进行参数化以分析多个设计方案。

（2）ANSYS LS-DYNA：世界上最常用的显式仿真程序，能够模拟结构对短时间载荷的动态响应，内部集成了多种材料本构模型，能够处理高度非线性和极端变形问题。

（3）ANSYS Fluent：主要用来模拟不可压缩到高度可压缩范围内的复杂流动问题，其灵活的非结构化网格和基于解的自适应网格技术及成熟的物理模型，能够精确地求解各类流场、传热与相变、化学燃烧等问题。

（4）ANSYS Icepack：一款用于电子热管理的 CFD（Computational Fluid Dynamics，计算流体力学）求解器。它主要用来预测集成电路（IC）封装、印制电路板（PCB）、电子装配体、外壳和电力电子设备中的气流、温度和热传递。

（5）ANSYS Maxwell：一款适用于电机、变压器、无线充电、永磁闩锁、作动器和其他电气机械设备的电磁场求解器。ANSYS Maxwell 还为电机和电源转换器提供了专门的设计接口。

（6）ANSYS SpaceClaim：自带的 3D 建模软件，可以创建、编辑或修改导入的几何图形，能够完美地与传统 CAD 软件相互兼容。

（7）ANSYS Sound：一款后处理工具，可通过音质标准和听力测试对噪声进行分析和优化。通过时频分析和处理功能，ANSYS Sound 可用于隔离和修改各种声音成分，并评估声音对人类感知的影响。ANSYS Sound 还可以在模拟器和车载中再现 3D 声音，包括为 ICE 或 EV 设计有源声音。

1.2.3　工程项目管理

ANSYS Workbench 是一种可连接 ANSYS 产品的仿真管理工具，使用户能够配置其仿真流程并通过参数管理进行优化探索，引导用户通过简单的鼠标拖拽就能够实现复杂的工程项目分析过程定义，并将工程项目意图，即数据的流转直观而清晰地展示出来，如图 1-4 所示。

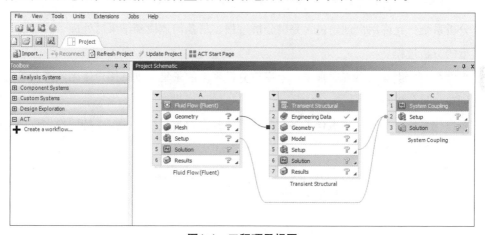

图1-4　工程项目视图

1.2.4　分析工具箱

ANSYS Workbench 分析工具箱具有丰富的系统模板，可以用来方便地定义各个分析模块，如图 1-5 所示。

图1-5　分析工具箱

分析工具箱中的内容取决于 ANSYS Workbench 安装时的设置，当需要的系统模块没有时，可以通过调整工具栏下方的【View】→【Toolbox Customization】来显示定制工具箱，选中需要的分析系统，其便会出现在分析工具箱中。

分析工具箱中主要含有 4 种类型的系统模板。

（1）分析系统：允许用户创建包含完整分析过程（从几何建模到结果后处理）的系统，支持多种学科类型的分析过程。

（2）组件系统：创建的系统通常是一个完整分析系统的子集，支持用户使用熟悉的单机应用程序灵活地创建项目分析过程。

（3）客户化系统：预置一些耦合了多个分析模块的客户化系统，同时支持用户将自定义的分析过程保存成一个客户化系统。

（4）设计探索系统：为用户提供了设计和理解分析响应的设计探索构件，基于优化的相关方法，获得产品的最优设计，以参数作为基本条件进行优化分析。

1.2.5　分析状态

ANSYS Workbench 中，分析流程会随着模型分析阶段的不同，出现不同的图标来显示状态变化，如图 1-6 所示。

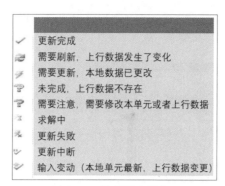

✓	更新完成
⟳	需要刷新，上行数据发生了变化
↗	需要更新，本地数据已更改
⚡	未完成，上行数据不存在
?	需要注意，需要修改本单元或者上行数据
⚡	求解中
✗	更新失败
↯	更新中断
⟳	输入变动（本地单元最新，上行数据变更）

图1-6　分析状态图标

1.2.6　文件管理

打开 ANSYS Workbench 后，在未指定保存路径前，所有的文件会保存在系统盘的用户临时文件夹。临时文件夹的位置可以通过【Tools】→【Options】→【Project Management】→【Default Folder for Temporary Files】进行修改，如图 1-7 所示。

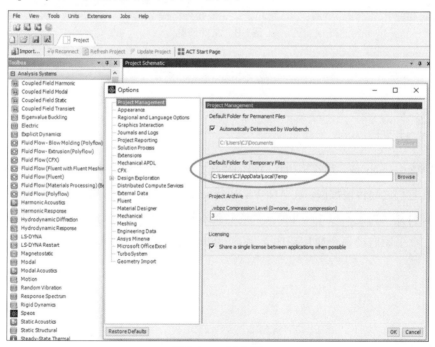

图1-7　工具选项

当创建并以"XX"名称保存文件后，系统便会生成相应的文件和项目文件夹，分别为 XX.wbpj 文件和 XX_files 项目文件夹。其中计算的所有项目文件都保存在 XX_files 文件夹中，其主要有 dpo、dpall、session_files 和 user_files 4 个子文件夹。也可以选择【View】→【Files】，项目示意图框下就会弹出分析文件明细与路径的文件预览窗口，在预览窗口中右击【Location】列需要查看的文件，

在弹出的快捷菜单中选择【Open Containing Folder】命令，即会打开相应的文件夹，如图1-8所示。

图1-8　文件预览

本章小结

ANSYS Workbench 是一种管理仿真项目的便捷方式。在 ANSYS Workbench 中能够启动各个软件组件，并在它们之间传输数据。在 ANSYS Workbench 中可以一目了然地查看模型是如何构建的，并确定哪些文件用于特定模拟（将几何文件配对到求解器运行）；同时，还可以直接执行参数分析（无须用户依次手动启动每个应用程序），并且可以轻松模拟多物理场场景，如流体结构相互作用等。

第 2 章
电机转子离心力强度分析

　　旋转机械在工程项目中被大量应用，其运行过程中主要承受离心力作用，为了保证设备安全可靠地运行，需要提前对其进行强度分析。一般而言，旋转机械都具有周期性结构特点，ANSYS Workbench 中能够实现旋转周期性对称的设置包括周期性边界条件、局部坐标系等，从而可以大大缩短求解规模和求解时间。

2.1 问题描述

随着新能源电动汽车的不断发展，其对电机的要求也在不断提高。当电机转子高速运行时，转子冲片受到强大的离心力作用，为了保证电机的安全运行，需要对转子结构的机械强度进行计算。考虑到结构及载荷的周期性，选择转子冲片的 1/8 模型进行有限元强度分析计算，其几何模型如图 2-1 所示，由转子冲片和磁钢组成。

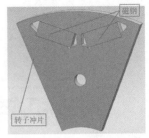

图2-1 转子冲片几何模型

2.2 导入几何体

（1）启动 ANSYS Workbench 2022 R2，进入主界面。

（2）拖动（或者双击）主界面工具箱【Toolbox】栏中【Analysis Systems】板块下的结构静力学分析项目【Static Structural】到右侧【Project Schematic】框中，出现结构静力学分析流程框架，如图 2-2 所示。

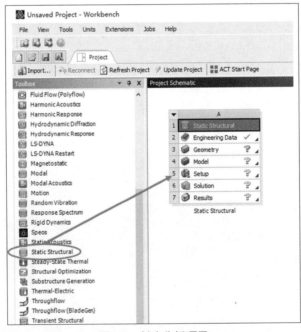

图2-2 创建分析项目

（3）在 A3 栏中的【Geometry】上右击，在弹出的快捷菜单中选择【Import Geometry】→【Browse】命令，找到几何模型所在的文件夹，选中几何模型【rotor.x_t】。导入几何模型后，分析模块中 A3 栏【Geometry】后的?变为√，表明几何模型已导入。

2.3　添加模型材料参数

（1）双击 A2 栏中的【Engineering Data】，进入材料参数设置界面，如图 2-3 所示。

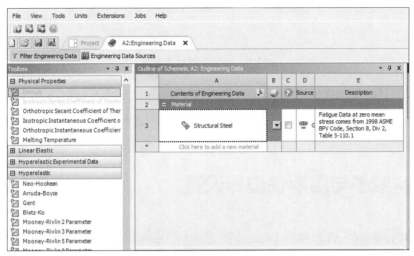

图2-3　材料参数设置界面

（2）定义转子冲片材料参数。选择【Outline of Schematic A2：Engineering Data】→【Click here to add a new material】，输入新材料名称【chongpian】。

（3）单击左侧工具栏【Physical Properties】前的 + 图标将其展开，双击【Density】，【Properties of Outline Row 4：chongpian】框中会出现需要输入的 Density 值，在 B3 框中输入 7650。

（4）同步骤（3），单击左侧工具栏【Linear Elastic】前的 + 图标将其展开，双击【Isotropic Elasticity】，在【Properties of Outline Row 4：chongpian】框中输入【Young's Modulus】为 2.06E+11，【Poisson's Ratio】为 0.26，如图 2-4 所示。

	A	B	C	D	E
1	Property	Value	Unit		
2	Material Field Variables	Table			
3	Density	7650	kg m^-3		
4	Isotropic Elasticity				
5	Derive from	Young's Mod...			
6	Young's Modulus	2.06E+11	Pa		
7	Poisson's Ratio	0.26			
8	Bulk Modulus	1.4306E+11	Pa		
9	Shear Modulus	8.1746E+10	Pa		

图2-4　设置冲片材料参数

（5）同上，定义转子磁钢材料参数。选择【Outline of Schematic A2：Engineering Data】→【Click here to add a new material】，输入新材料名称【cigang】。按照步骤（3）和步骤（4）设置磁钢的密度、弹性模量和泊松比，如图 2-5 所示。

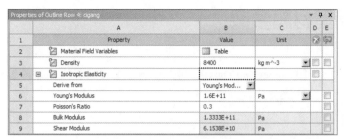

图2-5　设置磁钢材料参数

（6）单击工具栏中的【A2：Engineering Data】关闭按钮，返回 ANSYS Workbench 主界面，新材料创建完毕。

 ## 2.4　材料赋予与周期性边界设置

（1）双击项目管理区 A4 栏中的【Model】，进入 Mechanical 分析界面，如图 2-6 所示。

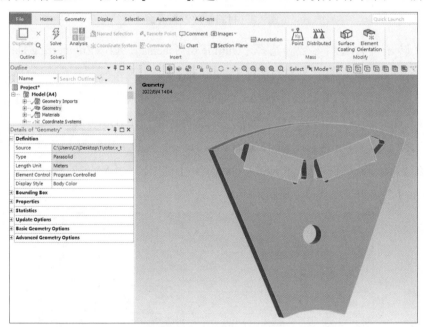

图2-6　Mechanical 分析界面

（2）在主菜单【Home】下将【Units】单位设置为【Metric（mm, ton, N, s, mV, mA）】,【Rotational Velocity】设置为【RPM】。

（3）展开【Outline】（分析树）下的【Geometry】，右击【Part 3】，在弹出的快捷菜单中选择【Rename】命令，命名为【冲片】，同时将下方参数列表中的【Assignment】修改为【chongpian】，如图 2-7 所示。

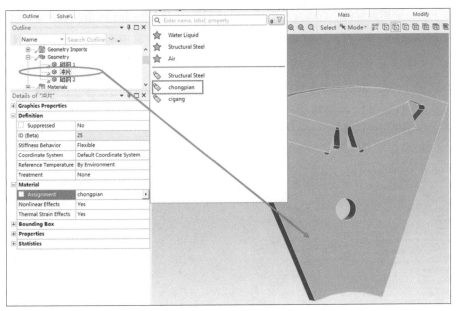

图2-7　赋予材料

（4）同上步骤，将剩下的两个几何体分别命名为【磁钢 1】和【磁钢 2】，【Assignment】都修改为【cigang】。

（5）设置柱坐标。右击【Coordinate Systems】→【Insert】→【Coordinate System】，将下方【Details of "Coordinate System"】中的【Type】修改为【Cylindrical】，【Define By】修改为【Global Coordinates】，其他设置保持默认，完成柱坐标的设置，如图 2-8 所示。

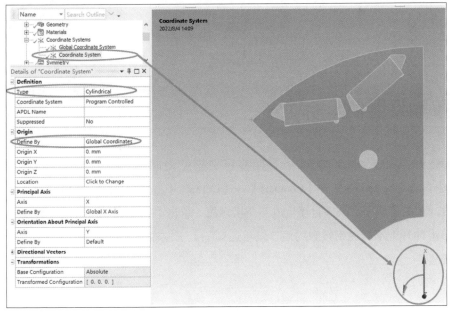

图2-8　设置柱坐标

（6）由于模型是周期性的，因此应设置周期性边界。右击【Outline】（分析树）下的【Model】→
【Insert】→【Symmetry】→【Cyclic Region】，单击工具栏中选择面命令按钮，单击冲片左侧面，
选择【Detail of "Cyclic Region"】参数列表中【Low Boundary】后面的【Apply】；同样的，单击冲
片右侧面，选择【High Boundary】后面的【Apply】。将【Coordinate System】修改为步骤（5）设
置的【Coordinate System】（柱坐标），如图 2-9 所示。

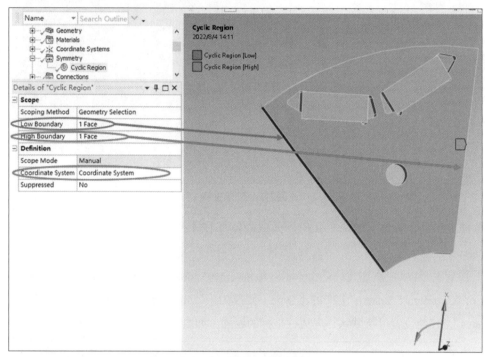

图2-9　设置周期性边界

2.5 接触设置和网格划分

（1）ANSYS Workbench 2022 R2 版本能够识别模型之间的接触并自动生成接触对。选择
【Outline】中的【Connections】→【Contacts】→【Contact Region】，在【Details of "Contact Region"】
中首先修改冲片的接触面，软件自动生成 7 个接触面，单击【Target】后面的【7 Faces】，按住 Ctrl
键，依次单击冲片上不与磁钢接触的面，最后还剩下上下左右各 4 个面，如图 2-10 所示，再单击
【Apply】按钮。

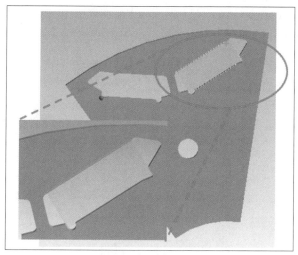

图2-10　选择接触面

（2）修改【Definition】栏中的【Type】为【Frictional】,【Friction Coefficient】设置为 0.15；将【Advanced】栏中的【Formulation】修改为【Augmented Lagrange】,【Detection Method】修改为【On Gauss Point】；将【Geometric Modification】栏中的【Interface Treatment】修改为【Adjust to Touch】,其他保持默认，如图 2-11 所示。

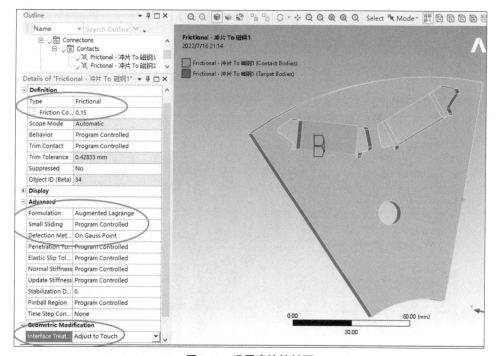

图2-11　设置摩擦接触面

（3）同步骤（1）和（2）,【Contact Region 2】接触参数设置为和步骤（2）一样。

（4）右击【Outline】中的【Mesh】，在弹出的快捷菜单中选择【Insert】→【Match Control】命

令，选择冲片右侧面，在【High Geometry Selection】后面单击【Apply】按钮，这里需要注意的是高面和低面的选择要和图 2-9 所示的高低边界一致；同样的，选择冲片左侧面为【Low Geometry Selection】（低面），设置下方的【Axis of Rotation】为【Coordinate System】，如图 2-12 所示。此步骤的目的是约束左右两个侧面的节点的自由度，使其保持一致。

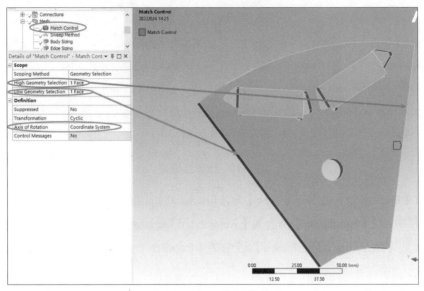

图2-12　设置网格

（5）右击【Mesh】，在弹出的快捷菜单中选择【Insert】→【Method】，添加网格划分方法。在【Scope】中单击【Geometry】栏后的【No Selection】，选中所有几何体，单击【Apply】按钮，修改【Definition】→【Method】栏为【Sweep】，其他保持默认，如图 2-13 所示。

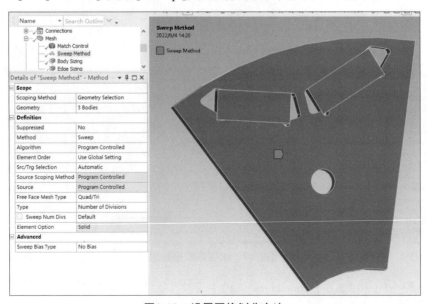

图2-13　设置网格划分方法

（6）右击【Mesh】，在弹出的快捷菜单中选择【Insert】→【Sizing】命令，选中所有几何体，单击【Geometry】后面的【Apply】按钮，设置【Element Size】为2mm，如图 2-14 所示；再右击【Mesh】，在弹出的快捷菜单中选择【Insert】→【Sizing】命令，在单击工具栏中选择线命令，按住 Ctrl 键，选中冲片上表面轴向的线和两个磁钢轴向上的各一条线，单击【Geometry】后面的【Apply】按钮，修改【Type】后面为【Number of Divisions】，设置【Number of Divisions】为 3，设置【Behavior】为【Hard】，如图 2-15 所示。

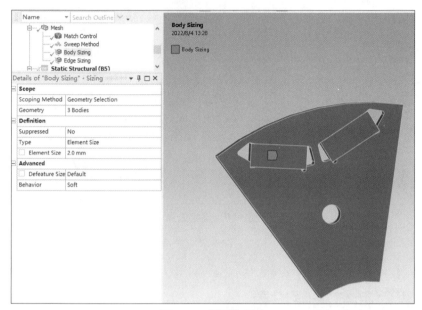

图2-14　设置体尺寸

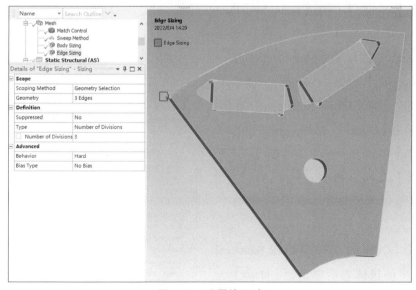

图2-15　设置线尺寸

（7）右击【Mesh】，在弹出的快捷菜单中选择【Generate Mesh】命令，左下方底部会出现网格划分的进程，最终的网格效果如图2-16所示。

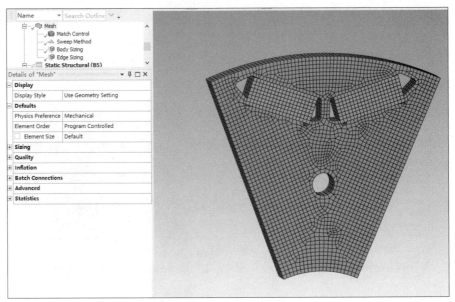

图2-16　网格效果

2.6　边界载荷与求解设置

（1）右击【Outline】中的【Static Structural（A5）】→【Analysis Settings】，左下方出现【Details of "Analysis Settings"】，将【Step Controls】→【Auto Times Stepping】后的"Program Controlled"修改为【On】；设置【Initial Substeps】为5；【Solver Type】为【Direct】，采用直接法进行求解计算；设置【Weak Springs】为【On】，打开弱弹簧；设置【Large Deflection】为【On】，打开大变形；其他设置保持默认不变，如图2-17所示。

（2）右击【Outline】中的【Static Structural（A5）】，在弹出的快捷菜单中选择【Insert】→【Rotational Velocity】，为模型添加转速。将

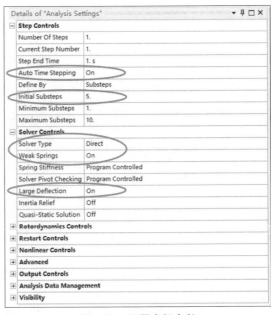

图2-17　设置求解参数

【Definition】→【Define By】后的【Vector】修改为【Components】，在【Z Component】后输入【6000.RPM（ramped）】，其他设置保持不变，如图 2-18 所示。

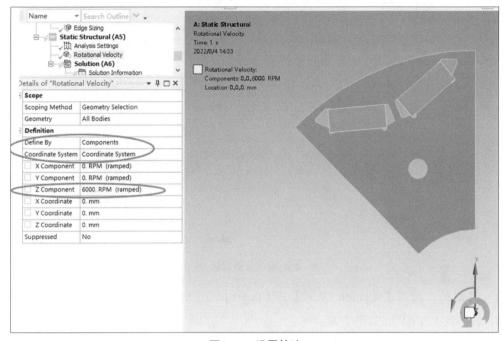

图2-18　设置转速

（3）由于前面已经设置了周期性边界，在网格设置中已经采用【Match Control】约束了冲片左右各面的各个自由度保持一致，因此无须再进行设置。

（4）右击【Outline】中的【Solution（A6）】，在弹出的快捷菜单中选择【Solve】（求解）命令或者单击工具栏中的【Solve】按钮，软件会进行求解，界面左下角会出现求解进度条，当进度条显示 100% 时，求解完成。

2.7　后处理

（1）选择主菜单【Solution】栏中的【Deformation】→【Total】，或者右击【Solution（A6）】，在弹出的快捷菜单中选择【Insert】→【Deformation】→【Total】命令，选择【Solution（A6）】→【Evaluate All Result】，再选择工具栏中的【Result】→【Edges】→【No WireFrame】，设置云图结果显示不包括网格，如图 2-19 所示。

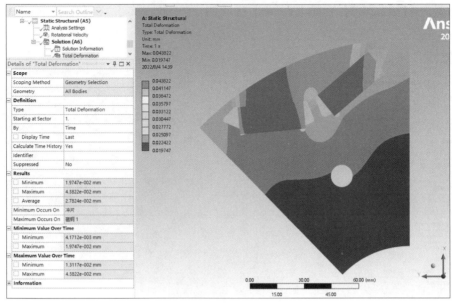

图2-19　位移云图

（2）类似的，选择【Solution（A6）】→【Insert】→【Stress】→【Equivalent（von-Mises）】，查看结构的等效应力云图，如图 2-20 所示。

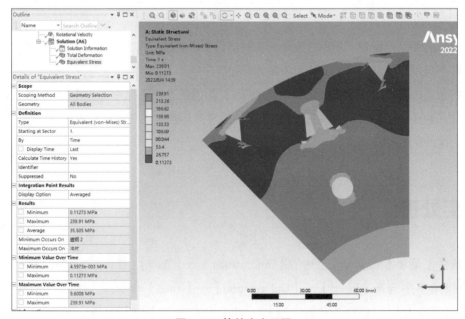

图2-20　等效应力云图

2.8　保存与退出

（1）选择【File】→【Close Mechanical】命令，退出 Mechanical 分析界面，返回 ANSYS Workbench 主界面。此时主界面项目管理区中显示的分析项目栏后都显示为√，表示分析均已经完成。

（2）在 ANSYS Workbench 主界面单击工具栏中的保存按钮，保存包含分析结果的文件。单击右上角的 ×（关闭）按钮，退出 ANSYS Workbench 主界面，完成项目分析。

本章小结

本章讲解了转子冲片在离心力作用下的强度分析。通过本章的学习，读者可以理解和掌握结构分析的流程，为后续其他产品的强度分析打下基础。

第 3 章
光伏跟踪支架模态分析

模态分析是一种用来研究结构的动态特性的方法，每个模态都具有结构的固有频率、阻尼比和模态振型。通过模态分析可以帮助设计人员确定结构的共振频率和阵型，针对不同阵型可以采取不同的措施来降低结构的动态荷载。

3.1 问题描述

　　光伏跟踪支架主要用来承载光伏组件，跟踪太阳运行轨迹，提高光伏系统发电量。进行光伏跟踪支架模态分析能够了解光伏跟踪支架系统的动力学特性，了解整个系统的振动形态，以便对模态频率较低且接近风振频率的模态采取振动抑制措施或采取提高结构模态频率措施，以提高结构的抗风性能。光伏跟踪支架几何模型如图 3-1 所示。

图3-1　光伏跟踪支架几何模型

3.2 导入几何体

　　（1）启动 ANSYS Workbench 2022 R2，进入主界面。

　　（2）拖动模态分析项目【Modal】到右侧，如图 3-2 所示。

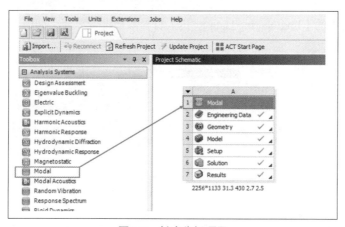

图3-2　创建分析项目

（3）在 A3 栏中的【Geometry】上右击，在弹出的快捷菜单中选择【Import Geometry】→【Browse】命令，找到几何模型所在的文件夹，选择几何模型【halftube.stp】。导入几何模型后，分析模块中 A3 栏中【Geometry】后的?变为√，表明几何模型已导入。

（4）右击 A3 栏中的【Geometry】，在弹出的快捷菜单中选择【Edit Geometry in Design Modeler】软件，进入【DesignModeler】界面，在左侧设计数中的【Import1】上右击，选择【Generate】，再选择【File】→【Import External Geometry File】，找到几何模型所在的文件夹，选择几何模型"bearing.stp"，单击【Generate】按钮，生成如图 3-3 所示的几何模型。

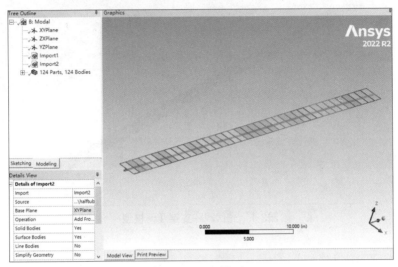

图3-3　几何模型

3.3　添加模型材料参数

（1）双击 A2 栏中的【Engineering Data】，进入材料参数设置界面，如图 3-4 所示。

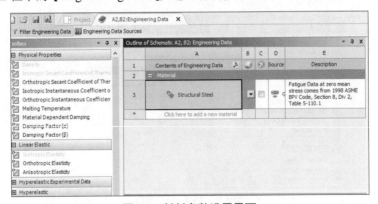

图3-4　材料参数设置界面

（2）光伏组件边框的材料为铝合金，因此可以选择 Workbench 材料库中的自带材料。选择工具栏中的【Engineering Data Sources】，界面内会出现【Engineering Data Sources】框，选择 A4 栏中的【General Materials】，下方出现【Outline of General Materials】界面，如图 3-5 所示。

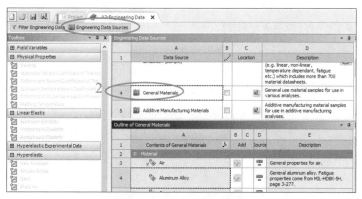

图3-5　材料参数设置界面

（3）单击【Outline of General Materials】表中【Aluminum Alloy】栏中的加号，后面出现橡皮擦图标，表明材料添加成功，如图 3-6 所示。

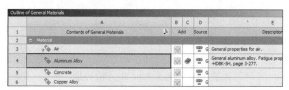

图3-6　添加材料

（4）进一步添加组件其他部分材料【PV】。由于影响结构模态分析的主要因素为质量和刚度，组件其他部分材料 PV 的密度是根据组件质量等效换算得到的，因此原则是让最终有限元模型里的组件质量和实际中的组件质量相等，如图 3-7 所示。

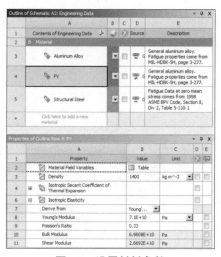

图3-7　设置材料参数

（5）单击工具栏中的【A2：Engineering Data】的关闭按钮，返回到 Workbench 主界面，材料创建完成。

3.4 材料赋予和接触设置

（1）双击工具栏中的【A4：Model】项，进入 Mechanical 分析界面，如图 3-8 所示。

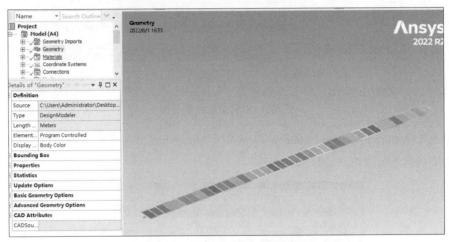

图3-8　Mechanical 分析界面

（2）在主菜单【Home】中将【Units】单位设置为【Metric（mm，ton，N，s，mV，mA）】。

（3）分配材料属性给几何模型。展开【Outline】下的【Geometry】，右击第一个几何体，将下方参数列表中的【Assignment】修改为【Aluminum Alloy】，如图 3-9 所示。其他光伏板上的框架也赋予相同的材料。

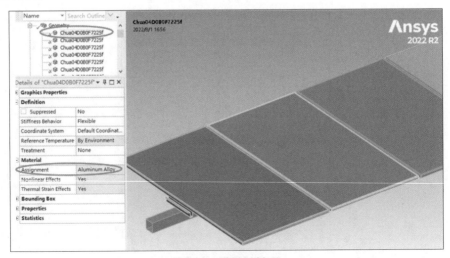

图3-9　赋予材料1

（4）同样，赋予光伏组件面板部件【PV】材料，如图 3-10 所示。其他面板也赋予相同的材料。

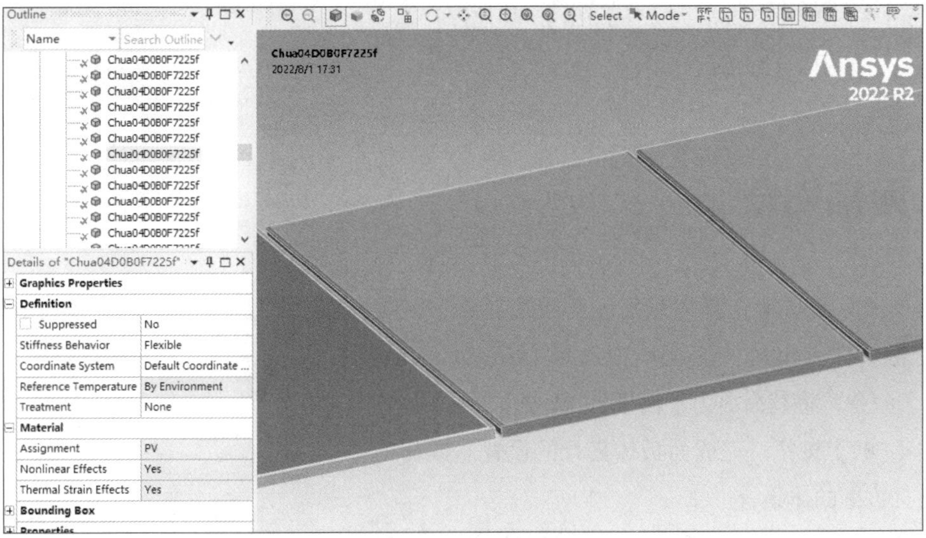

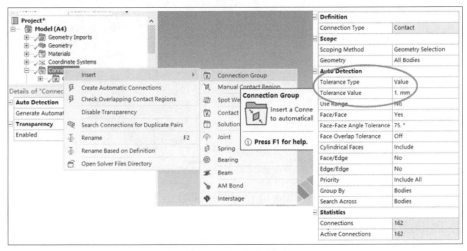

图3-10　赋予材料2

（5）对于剩下的部件，则保持钢结构件【Structural Steel】材料不变。

（6）设置接触对，ANSYS Workbench 能够自动探索并完成接触对建立。首先删除软件自动生成的接触对，右击【Connections】，在弹出的快捷菜单中选择【Contacts】→【Delete】命令，再选择【Outline】中的【Connections】→【Insert】→【Connection Group】，下方出现【Contacts】，修改参数列表中【Auto Detection】中的【Tolerance Type】为【Value】，设置【Tolerance Value】为 1mm（这里设置的目的是搜索间隙 1mm 以内部件之间的接触对），如图 3-11 所示。右击【Connection Group】，在弹出的快捷菜单中选择【Create Automatic Connections】命令，软件会自动生成部件之间的接触对。

图3-11　设置接触对

（7）模态分析计算中不考虑非线性的因素，修改
【Definition】栏中的【Type】为【Bonded】，其他保持默
认设置不变，如图 3-12 所示。

Details of "Contact Region"	
Scope	
Scoping Method	Geometry Selection
Contact	1 Face
Target	1 Face
Contact Bodies	Chua04D0B0F7225f
Target Bodies	Chua04D0B0F7225f
Protected	No
Definition	
Type	Bonded
Scope Mode	Automatic
Behavior	Program Controlled
Trim Contact	Program Controlled
Trim Tolerance	1. mm
Suppressed	No
Advanced	
Formulation	Program Controlled
Small Sliding	Program Controlled
Detection Method	Program Controlled
Penetration Tolerance	Program Controlled
Elastic Slip Tolerance	Program Controlled
Normal Stiffness	Program Controlled
Update Stiffness	Program Controlled
Pinball Region	Program Controlled
Geometric Modification	
Contact Geometry Correction	None
Target Geometry Correction	None

图3-12　设置接触参数

3.5　网格划分

（1）单击工具栏上选择体按钮，任意选择其中一个
面板，右击，在弹出的快捷菜单中选择【Create Named
Selection】命令，将其命名为【面板】，选中【Size】复选
框，单击【OK】按钮，完成面板体集合的设置。同样的
步骤，定义边框的体集合。

（2）右击【Mesh】，在弹出的快捷菜单中选择
【Insert】→【Method】命令，插入划分方法。对于较为规则的几何体，采用【MultiZone Method】
划分方法。右击【Named Selections】→边框，在弹出的快捷菜单中选择【Hide Bodies in Group】命
令，单击工具栏中的框选按钮，选中图形框中除主梁外所有的几何体，选择参数列表中的
【Geometry】→【Apply】，其他保持默认不变。

（3）用同样的方法，设置主梁网格划分方法为【MultiZone Method】，设置【Definition】中的
【Src/Trg Selection】为【Manual Source】。选中主梁一侧的端面，单击【Source】后面的【Apply】按
钮，其他保持默认不变，如图 3-13 所示。

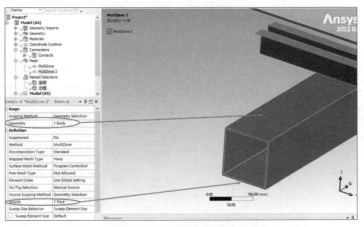

图3-13　设置网格划分

（4）对于较为复杂的几何体，如组件边框采用【Automatic Method】划分方法，右击【Mesh】，
在弹出的快捷菜单中选择【Insert】→【Method】命令，设置参数列表中【Scope】中的【Scoping
Method】为【Geometry Selection】，【Geometry】后面选择【边框】，其他设置保持默认不变。

（5）右击【Mesh】，在弹出的快捷菜单中选择【Insert】→【Sizing】命令，依次设置面板和边框的体尺寸为 200mm，剩余部件体尺寸为 60mm，如图 3-14 所示。

图3-14　设置体尺寸

（6）右击【Mesh】，在弹出的快捷菜单中选择【Generate Mesh】命令，生成网格，效果如图 3-15 所示。

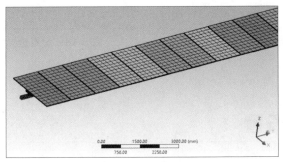

图3-15　网格效果

3.6　边界条件设置

（1）设置边界条件。右击【Modal】，在弹出的快捷菜单中选择【Insert】→【Fixed Support】命令，单击工具栏中的选择模式，选择【Single Select】（单选），选中主梁某一端面，再单击【Apply】按钮，如图 3-16 所示。

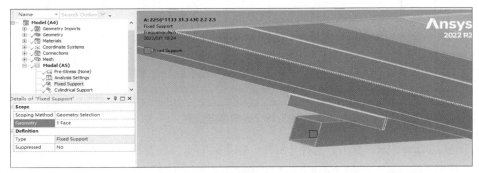

图3-16　设置边界条件——固定端

（2）右击【Modal】，在弹出的快捷菜单中选择【Insert】→【Cylindrical Support】命令，单击工具栏中的选择模式，选择【Single Select】，按住 Ctrl 键，选中，再单击【Apply】按钮，选中轴承外表面，如图 3-17 和图 3-18 所示，在【Detail of "Cylindrical Support"】中设置【Radial】为【Fixed】。

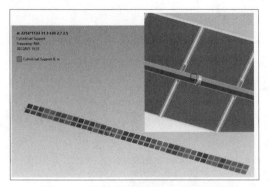

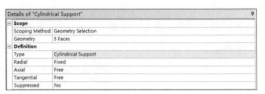

图3-17 设置边界条件——轴承约束   图3-18 设置边界条件——轴承参数

3.7 模态分析设置

（1）单击【Analysis Settings】，设置【Options】中的【Max Modes to Find】为 6，计算前六阶模态，其他设置保持默认不变。

（2）右击【Solution（B6）】，在弹出的快捷菜单中选择【Solve】（求解）命令，或者单击工具栏中的【Solve】按钮，进行求解计算。

（3）求解完成后，首先单击【Solution】按钮，再选择工具栏中【Solution】下的【Graph】和【Tabular Data】，右下方就会出现图标，如图 3-19 所示。

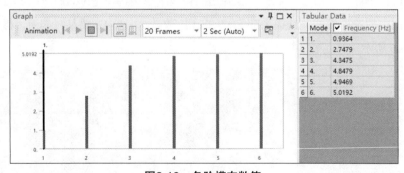

图3-19 各阶模态数值

（4）鼠标在 Graph 图中右击，选择【Select All】后右击，在弹出栏上选择【Create Mode Shape Results】，左侧【Outline】中的【Solution】下方就会自动出现需要求解的前六阶模态，如图 3-20

所示，其中参数列表中 Mode 后面的数字代表第几阶模态。

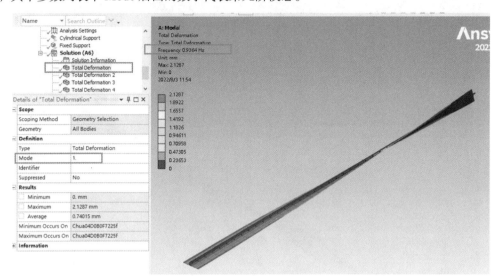

图3-20　设置模态求解结果

（5）右击【Solution（B6）】，在弹出的快捷菜单中选择【Evaluate All Result】命令，查看前六阶模态振型；也可以单击【Graph】中的播放按钮，可以更加清楚地观察各阶模态振型。各阶模态振型结果如图 3-21~ 图 3-26 所示，可见模态频率最低且接近风振频率（1Hz 左右）的为结构扭转阵型，可以针对这一阵型采取增加阻尼器等措施，以避免结构发生振动。

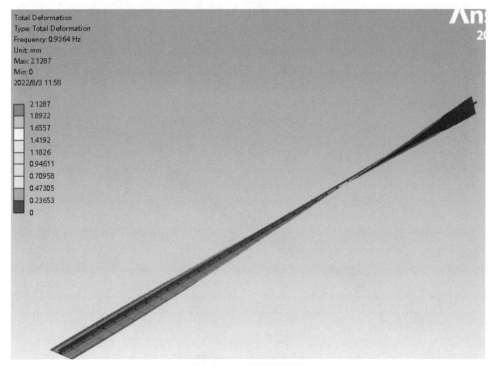

图3-21　一阶模态振型

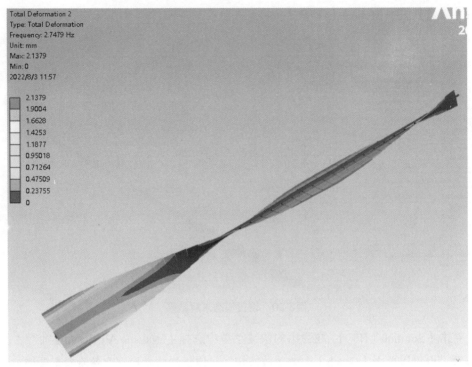

图3-22　二阶模态振型

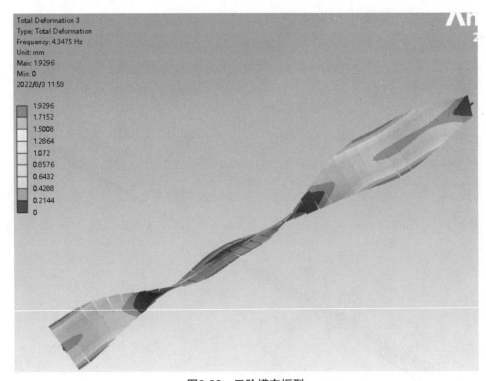

图3-23　三阶模态振型

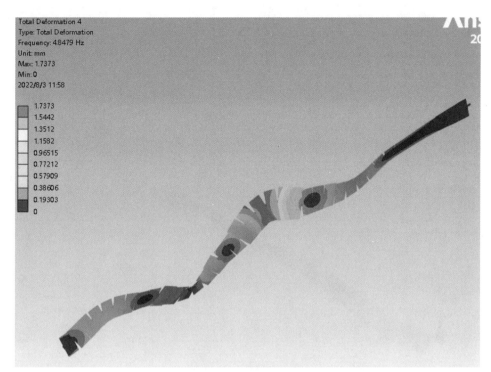

图3-24　四阶模态振型

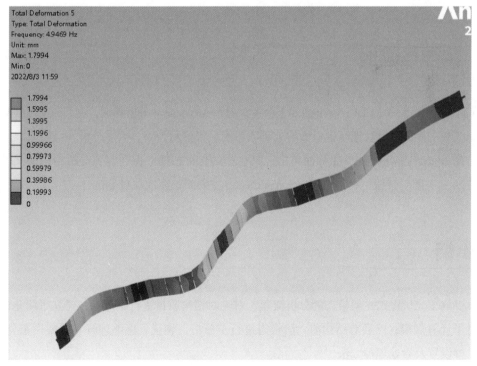

图3-25　五阶模态振型

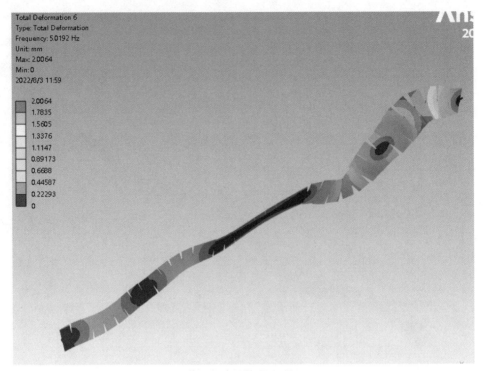

图3-26 六阶模态振型

3.8 保存与退出

（1）选择【File】→【Close Mechanical】命令，退出 Mechanical 分析界面，返回 ANSYS Workbench 主界面。此时主界面项目管理区中显示的分析项目栏后都显示为√，表示分析均已经完成。

（2）在 ANSYS Workbench 主界面单击工具栏中的保存按钮，保存包含分析结果的文件。单击右上角的 ×（关闭）按钮，退出 ANSYS Workbench 主界面，完成项目分析。

本章小结

本章讲解了光伏跟踪支架模态的分析流程，首先对结构质量进行了等效，建立了简化的分析模型，降低了计算规模；然后对结构前六阶模态进行了分析，使读者能够理解和掌握模态分析步骤、约束、求解设置及后处理等方法。

第 4 章
轮胎接触分析

　　橡胶材料具有超弹性特性，其本构关系不能用线弹性应力应变关系来描述。ANSYS Workbench 自带的材料库里集成了多种超弹性材料本构模型，如 Neo-Hookean、Arruda-Boyce 和 Mooney-Rivlin 等，这些本构模型假设材料是各向同性的、完全或接近不可压缩，是真实橡胶行为的理想化。

4.1 问题描述

图 4-1 所示为简化后的轮胎几何模型，其由内部的轮毂和外部的橡胶层构成，现分析其在前进过程中的变形与受力情况。

图4-1 轮胎几何模型

4.2 导入几何体

（1）启动 ANSYS Workbench 2022 R2，进入主界面。

（2）拖动（或者双击）主界面工具箱【Toolbox】栏中【Analysis Systems】板块下的结构静力学分析项目【Static Structural】到右侧的【Project Schematic】框中，出现结构静力学分析流程框架，如图 4-2 所示。

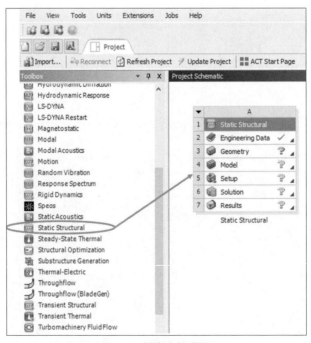

图4-2 创建分析项目

（3）在 A3 栏中的【Geometry】上右击，在弹出的快捷菜单中选择【Import Geometry】→【Browse】命令，找到几何模型所在的文件夹，选择几何模型【luntai.x_t】。导入几何模型后，分析模块中 A3 栏【Geometry】后的?变为√，表明几何模型已导入。

4.3　添加模型材料参数

（1）双击 A2 栏中的【Engineering Data】项，进入材料参数设置界面，如图 4-3 所示。

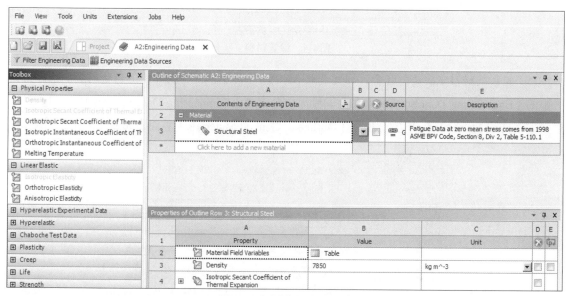

图4-3　材料参数设置界面

（2）轮胎外层主要由橡胶材料组成，采用二参数的 Mooney-Rivlin 本构模型来描述橡胶材料的超弹性特征。单击【Outline of Schematic A2：Engineering Data】框中【Click here to add a new material】一栏输入新材料名称【rubber】。

（3）单击左侧工具栏【Physical Properties】前的 + 图标将其展开，双击【Density】，【Properties of Outline Row 4：rubber】框中会出现需要输入的 Density 值，在 B3 框中输入 1200。

（4）单击左侧工具栏【Hyperelastic】前的 + 图标将其展开，双击【Mooney-Rivlin 2 Parameter】，【Properties of Outline Row 4：rubber】框中会出现需要输入的值，将 Material Constant C10、Material Constant C01 和 Incompressibility Parameter D1 后面的单位修改为 MPa，并依次输入 1.03、0.03 和 0.0189，如图 4-4 所示。

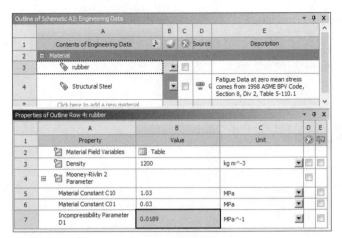

图4-4　设置材料

（5）轮毂的材料主要是铝合金，因此选取 ANSYS Workbench 材料库中的自带材料。选择工具栏中的【Engineering Data Sources】命令，界面内会出现【Engineering Data Sources】框，选择 A4 栏中【General Materials】，下方会出现【Outline of General Materials】界面，如图 4-5 所示。

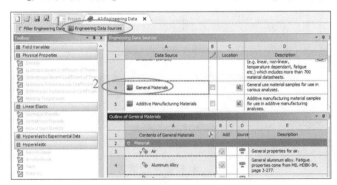

图4-5　材料参数设置界面

（6）单击【Outline of General Materials】框中【Aluminum Alloy】栏中的加号，后面出现橡皮擦图标，表明材料添加成功，如图 4-6 所示。

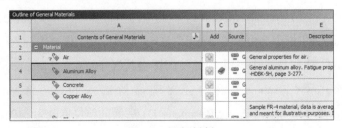

图4-6　添加材料

（7）单击工具栏中【A2：Engineering Data】中的 × 按钮，返回 ANSYS Workbench 主界面，材料创建完成。

4.4 材料赋予和接触设置

（1）双击工具栏中的【A4：Model】项，进入 Mechanical 分析界面，如图 4-7 所示。

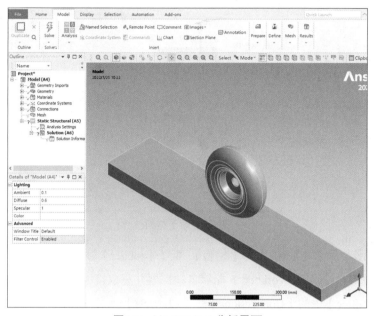

图4-7　Mechanical 分析界面

（2）将主菜单【Home】下的【Units】单位设置为【Metric（mm，ton，N，s，mV，mA）】。

（3）设置刚体。展开【Outline】下的【Geometry】，右击【Part 1】，在弹出的快捷菜单中选择【Rename】命令，将其命名为【地面】，设置参数列表中【Definition】中的【Stiffness Behavior】为【Rigid】，如图 4-8 所示。

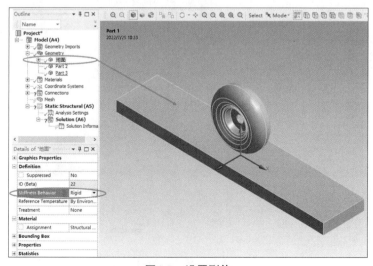

图4-8　设置刚体

（4）分配材料属性给几何模型。右击【Part 2】，在弹出的快捷菜单中选择【Rename】命令，将其命名为【轮毂】，同时将下方参数列表中的【Assignment】修改为【Aluminum Alloy】，如图4-9所示。

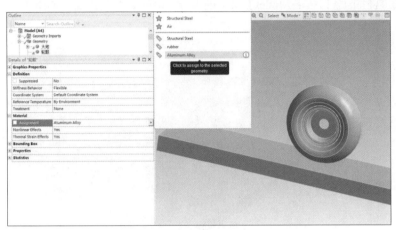

图4-9 赋予材料

（5）同样的操作，命名【Part 3】为【轮胎】，赋予【rubber】材料。

（6）设置接触对，ANSYS Workbench 能够自动探索并完成接触对建立。首先修改地面与轮胎的接触，单击【Outline】中的【Connections】→【Contacts】→【Contact Region】，右击选择【Flip Contact/Target】命令，将地面的上表面设置为目标面。设置参数列表中【Definition】中的【Type】为【Frictional】，【Friction Coefficient】为 0.3，【Behavior】为【Asymmetric】；设置【Advanced】中的【Formulation】为【Augmented Lagrange】；设置【Geometric Modification】中的【Interface Treatment】为【Adjust to Touch】，其他设置保持默认不变，如图 4-10 所示。

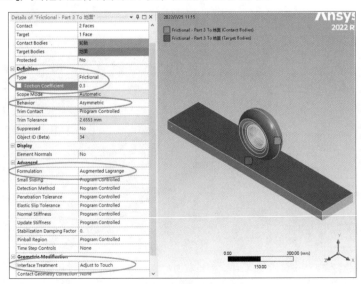

图4-10 设置接触对

（7）将轮胎与轮毂的接触设置为绑定。选择【Contact Region 2】，设置参数列表中【Advanced】中的【Formulation】为【MPC】，其他设置保持默认不变，如图 4-11 所示。

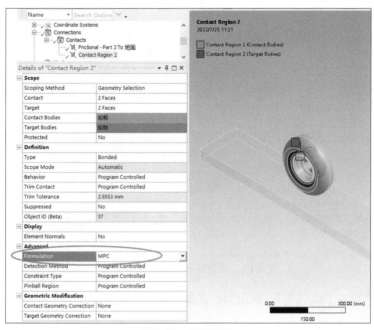

图4-11 设置接触

4.5 网格划分

（1）右击【Mesh】，在弹出的快捷菜单中选择【Insert】→【Method】命令，添加网格划分方法。在【Scope】中将【Geometry】设置为【No Selection】，选中轮胎和轮毂，单击【Apply】按钮，修改【Definition】中的【Method】为【Hex Dominant】，其他保持默认，如图 4-12 所示。

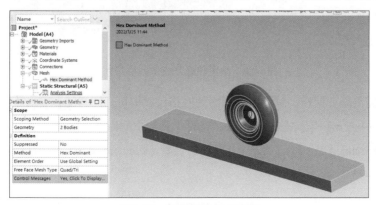

图4-12 设置网格划分方法

（2）右击【Mesh】，在弹出的快捷菜单中选择【Insert】→【Sizing】命令，选中轮胎几何体，单击参数列表中【Geometry】后面的【Apply】按钮，设置【Element Size】为 5.0mm，其他设置保持默认不变，如图 4-13 所示。

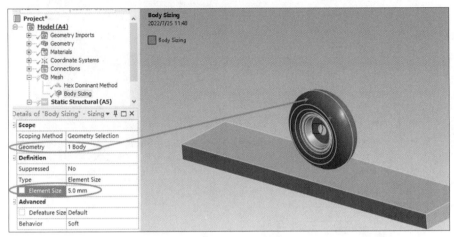

图4-13　设置轮胎几何体网格尺寸

（3）同样的，右击【Mesh】，在弹出的快捷菜单中选择【Insert】→【Sizing】命令，选中轮毂几何体，单击参数列表中【Geometry】后面的【Apply】按钮，设置【Element Size】为 10.0mm，其他设置保持默认不变，如图 4-14 所示。

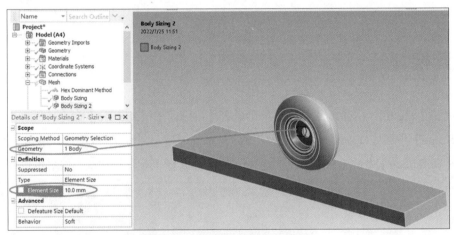

图4-14　设置轮毂几何体网格尺寸

（4）刚体不需要划分网格，只设置目标面的网格尺寸即可。同样的，右击【Mesh】，在弹出的快捷菜单中选择【Insert】→【Sizing】命令，选择工具栏中的面选择命令，选择地面上表面，单击参数列表中【Geometry】后面的【Apply】按钮，设置【Element Size】为 10.0mm，其他设置保持默认不变，如图 4-15 所示。

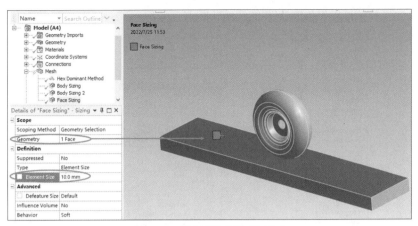

图4-15　设置目标面网格尺寸

（5）右击【Mesh】，在弹出的快捷菜单中选择【Generate Mesh】命令，生成网格，效果如图 4-16 所示。

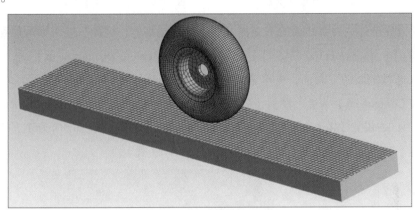

图4-16　网格效果

4.6　边界载荷与求解设置

（1）右击【Outline】中的【Static Structural（A5）】→【Analysis Settings】，修改参数列表【Step Controls】中的【Number Of Steps】后面为 2，设置【Auto Time Stepping】为【On】，设置【Initial Substeps】为 50，设置【Maximum Substeps】为 100；设置【Solver Controls】中的【Weak Springs】为【On】，设置【Large Deflection】为【On】，其他设置保持默认不变，完成子步 1 的设置，如图 4-17 所示。

（2）同样的，进行子步 2 的求解设置。修改参数列表【Step Controls】中的【Current Step Number】为 2，设置【Auto Time Stepping】为【On】，设置【Initial Substcps】为 100，设置【Maximum

Substeps】为 100，其他设置保持默认不变，如图 4-18 所示。

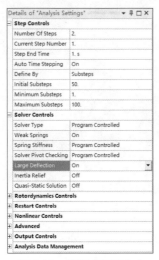

图4-17　设置求解子步1　　　　图4-18　设置求解子步2

（3）设置边界条件。约束地面的下表面，由于地面是刚体，因此只能用远端位移约束。右击
【Outline】中的【Static Structural（A5）】→【Insert】→【Remote Displacement】，选择工具栏中的
面选择命令，选择地面的下表面，再单击参数列表【Scope】中【Geometry】后面的【Apply】按
钮，设置【X Component】为 0，设置【Y Component】为 0，设置【Z Component】为 0，设置
【Rotation X】为 0，设置【Rotation Y】为 0，设置【Rotation Z】为 0，即约束所有的自由度；设置
【Behavior】为【Rigid】，其他设置保持默认不变，如图 4-19 所示。

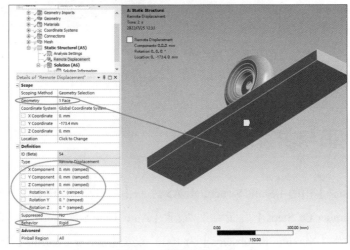

图4-19　设置边界条件

（4）设置载荷。设置载荷的思路是先施加载荷让轮胎下沉，等轮胎下压完全后再施加一个前进
的位移。右击【Outline】中的【Static Structural（A5）】→【Insert】→【Force】，选中轮毂的内圆面，
再单击参数列表【Scope】中【Geometry】后面的【Apply】按钮，修改【Definition】中的【Define

By】为【Components】，右击【Y Component】后面栏，选择【Tabular】，图形窗口下面就会弹出【Tabular Data】框，设置 Y 列 1s 和 2s 的载荷值为 –100N，如图 4-20 所示。

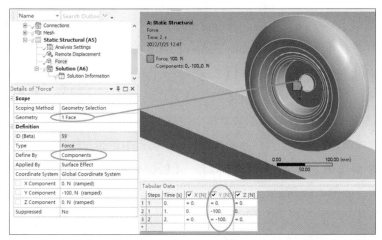

图4-20　设置载荷1

（5）同样的，选中轮毂的内圆面，右击【Outline】中的【Static Structural（A5）】→【Insert】→【Remote Displacement】，设置【Z Component】为 0，设置【Rotation X】为 0，设置【Rotation Y】为 0，设置【Behavior】为【Rigid】，单击【X Component】列表框，选择【Tabular Data】，设置【Tabular Data】中的 X 列 2s 时为 20mm，即轮胎往前滚了 20mm，其他设置保持不变，如图 4-21 所示。

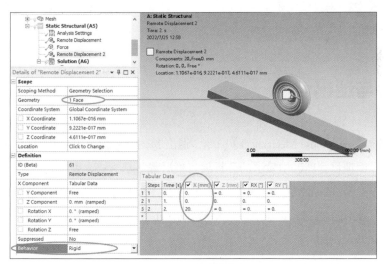

图4-21　设置载荷2

（6）右击【Outline】中的【Solution（A6）】，在弹出的快捷菜单中选择【Solve】命令，或者单击工具栏中的【Solve】按钮，软件会进行求解，界面左下角会出现求解进度条。当进度条显示100% 时，求解完成。

4.7 后处理

（1）选择主菜单【Solution】中的【Deformation】→【Total】，或者右击【Total（A6）】，在弹出的快捷菜单中选择【Insert】→【Deformation】→【Total】命令，选择【Solution（A6）】→【Evaluate All Result】，再选择工具栏中的【Result】→【Edges】→【No WireFrame】，设置云图显示结果不包括网格，如图 4-22 所示。也可以选择工具栏中的【Result】→【Views】→【Graph】，单击【Graph】框内的播放按钮，就能够观看模型的整个运动过程。

（2）查看后处理结果。选择工具栏中的选择体命令，选中轮胎和轮毂，右击【Solution（A6）】，在弹出的快捷菜单中选择【Insert】→【Stress】→【Equivalent Stress（von-Mises）】命令，查看结构受到的等效应力，如图 4-23 所示。

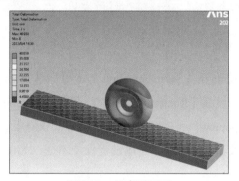

图4-22　总变形云图

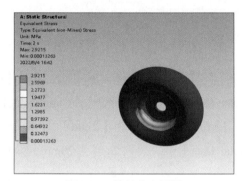

图4-23　等效应力云图

4.8 保存与退出

（1）选择【File】→【Close Mechanical】命令，退出 Mechanical 分析界面，返回 ANSYS Workbench 主界面。此时主界面项目管理区中显示的分析项目栏后都显示为√，表示分析均已经完成。

（2）在 ANSYS Workbench 主界面单击工具栏中的【保持】按钮，保持包含分析结果的文件。单击右上角的 ×（关闭）按钮，退出 ANSYS Workbench 主界面，完成项目分析。

本章小结

本章讲解了轮胎的接触分析流程，通过设置超弹性材料本构模型，分析了轮胎前进过程的变形与受力情况，使读者能够理解和掌握超弹性材料的分析步骤、载荷、约束、求解设置及后处理等方法。

第 5 章
发电机风扇过盈配合分析

　　发电机风扇是发电机中的重要部件，风扇与转轴通过过盈配合连接在一起，风扇可以用来扰动发电机内部气体流动，使发电机内部与外部进行热交换，从而保证发电机温度均匀。对于发电机而言，发电机风扇座与转轴之间是通过二者的过盈配合来实现装配的，即依靠轴与座的过盈值，装配后使二者表面间产生弹性压力，从而使二者能够紧固地连接在一起，其力学性能的好坏将直接影响发电机的性能指标与使用寿命。

5.1 问题描述

选取某一型号的发电机，其风扇为轴流式风扇，分析模型包括整个风扇和其中一段转轴，如图 5-1 所示，试分析结构在 3000r/m 转速下的应力和应变等参数。

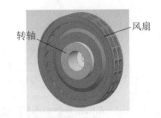

图5-1 某发电机风扇的几何模型

5.2 导入几何体

（1）启动 ANSYS Workbench 2022 R2，进入主界面。

（2）拖动（或者双击）主界面工具箱【Toolbox】栏中【Analysis Systems】板块下的结构静力学分析项目【Static Structural】到右侧的【Project Schematic】框中，出现结构静力学分析流程框架，如图 5-2 所示。

图5-2 创建分析项目

（3）在 A3 栏的【Geometry】上右击，在弹出的快捷菜单中选择【Import Geometry】→【Browse】命令，找到几何模型所在的文件夹，选择几何模型【fengshan.stp】。导入几何模型后，分析模块中 A3 栏【Geometry】后的?变为√，表明几何模型已导入。

（4）右击 A3 栏中的【Geometry】，在弹出的快捷菜单中选择【Edit Geometry in Design Modeler】命令，进入【DesignModeler】界面，在左侧设计数中的【Import1】上右击，在弹出的快捷菜单中选择【Generate】命令，生成几何模型，如图 5-3 所示。

图5-3　几何模型

（5）选择【Units】→【Millimeter】，单击工具栏中的缩放图标，使几何模型缩放到合适大小。

（6）几何模型是关于 X 轴对称的，因此可以选取一半模型进行分析计算。单击工具栏中【Slice】按钮，左下方出现【Details of Slice1】列表，如图 5-4 所示。在【Base Plane】栏中选择【YZPlane】平面，单击【Generate】按钮，结果如图 5-5 所示。在设计树中右击 X 轴负方向区域的模型，在弹出的快捷菜单中选择【Suppress Body】命令，如图 5-6 所示。

图5-4　Slice操作流程

图5-5　几何模型分割

图5-6　模型禁用

（7）对模型进行重命名，单击设计树中的第一个几何模型，在下方【Detail of Body】中将【Body】修改为【fengshan】。同样的步骤，将第二个几何模型修改为 zhou，如图 5-7 所示。

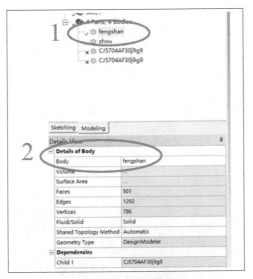

图5-7　重命名模型

（8）选择【File】→【Close DesignModeler】命令，退出 DesignModeler 界面，返回 ANSYS Workbench 主界面。

5.3　添加模型材料参数

（1）双击 A2 栏中的【Engineering Data】，进入材料参数设置界面，如图 5-8 所示。

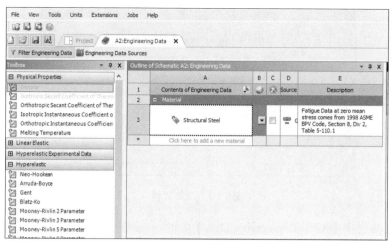

图5-8　材料参数设置界面

（2）本案例中风扇的材料为不锈钢，转轴的材料为结构钢，ANSYS Workbench 默认的材料为【Structural Steel】（结构钢），因此需要添加不锈钢材料。

（3）选择工具栏中的【Engineering Data Sources】命令，出现【Engineering Data Source】界面，选择 A4 栏中的【General Materials】，下方出现【Outline of General Materials】界面，如图 5-9 所示。

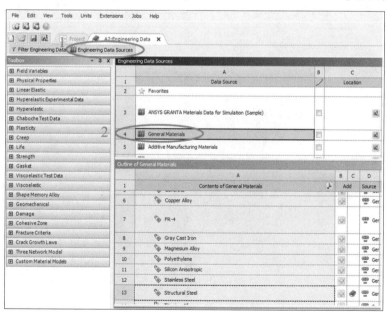

图5-9　材料参数设置界面

（4）单击【Outline of General Materials】界面中【Stainless Steel】后的加号，出现橡皮擦图标，表明材料添加成功，如图 5-10 所示。

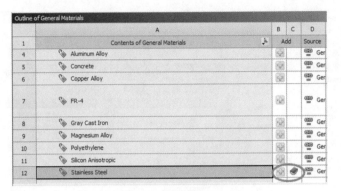

图5-10　添加材料

（5）单击工具栏中【A2：Engineering Data】中的 × 按钮，返回 ANSYS Workbench 主界面，材料创建完成。

5.4　材料赋予和接触设置

（1）双击工具栏中的【A4：Model】，进入 Mechanical 分析界面，如图 5-11 所示。

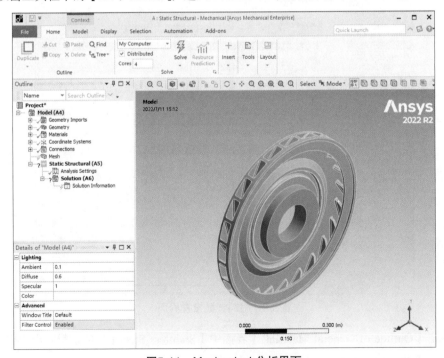

图5-11　Mechanical 分析界面

（2）将主菜单【Home】中的【Units】单位设置为【Metric（mm, ton, N, s, mV, mA）】,"Rotational Velocity" 设置为【RPM】。

（3）分配材料属性给几何模型。单击【Outline】中【Geometry】前的加号，展开【Geometry】列表，选择模型【fengshan】，下方出现【Detail of "fengshan"】参数列表，选择【Assignment】栏中的【Structural Steel】，将风扇的材料属性改为不锈钢，其他保持默认，如图 5-12 所示。

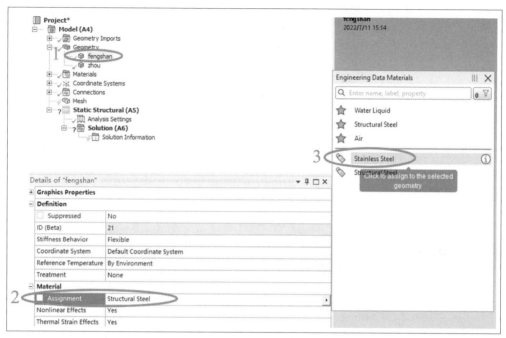

图5-12　赋予材料

（4）ANSYS Workbench 2022 R2 版本能够识别模型之间的接触并自动生成接触对，选择【Outline】中的【Connections】→【Contacts】→【Contact Region】，下方出现【Details of "Contact Region"】参数列表，其中接触摩擦面分别选择风扇内表面轴的外表面，如图 5-13 所示。

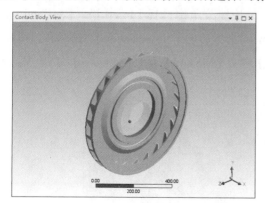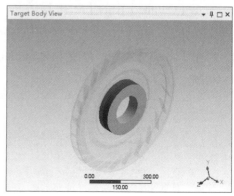

图5-13　设置摩擦接触面

（5）修改【Definition】栏中的【Type】为【Frictional】，【Friction Coefficient】为 0.15；修改【Advanced】栏中的【Formulation】为【Augmented Lagrange】，【Detection Method】为【On Gauss Point】。

（6）风扇与轴是通过过盈配合装配到一起的，因此需要设置过盈量。设置【Geometric Modification】栏中的【Interface Treatment】为【Add Offset，Ramped Effects】，再将【Offset】设置为 0.15mm（单边过盈量 0.15mm），其他保持默认，如图 5-14 所示。

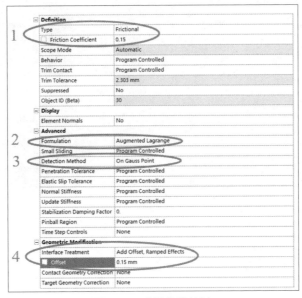

图5-14　设置摩擦接触

5.5　网格划分

（1）右击【Outline】中的【Mesh】，在弹出的快捷菜单中选择【Insert】→【Method】命令，添加网格划分方法。在【Scope】中单击【Geometry】栏后的【No Selection】，选择右边图框中的轴模型，单击【Apply】按钮，修改【Definition】中的【Method】为【Multizone】，其他保持默认，如图 5-15 所示。

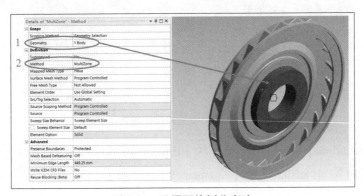

图5-15　设置网格划分方法

（2）同步骤（1），对风扇添加网格划分方法，相关设置如图 5-16 所示。

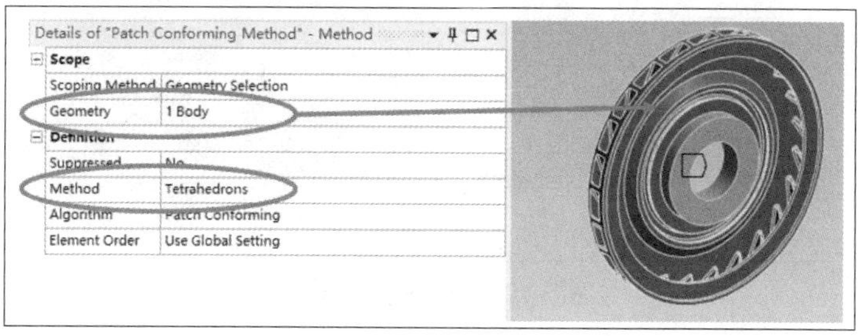

图5-16　设置风扇网格划分方法

（3）接触分析中接触面的网格尺寸最好对应起来，这样能够加快计算收敛速度。右击
【Mesh】，在弹出的快捷菜单中选择【Sizing】命令。单击左下方的【Scope】→【No Selection】，再
单击图形工具栏中的选择面按钮，选中风扇的内表面，按住 Ctrl 键，添加轴的外表面，单击
【Apply】按钮，设置【Definition】中的【Element Size】为 15.0mm，设置【Behavior】为【Hard】，
如图 5-17 所示。

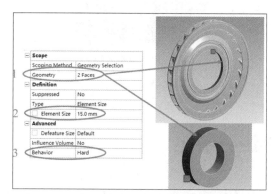

图5-17　设置面尺寸

（4）选中风扇与轴几何体，【Insert】→【Sizing】，将参数列表中的【Element Size】修改为 20mm，
如图 5-18 所示。

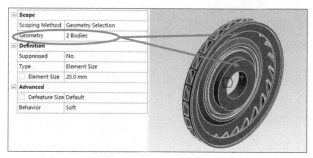

图5-18　设置体尺寸

（5）右击【Mesh】，在弹出的快捷菜单中选择【Face Meshing】命令，在【Geometry】栏中选
择轴的外表面，如图 5-19 所示。

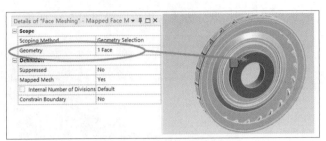

图5-19　选择轴的外表面

（6）右击【Mesh】，在弹出的快捷菜单中选择【Generate Mesh】命令，左下方底部会出现网格划分进程，最终的网格效果如图 5-20 所示。

图5-20　网格效果

5.6 载荷施加和边界条件

（1）右击【Outline】中的【Static Structural（A5）】，在弹出的快捷菜单中选择【Insert】→【Frictionless Support】命令，为模型添加无摩擦约束（对称约束）。

（2）在图形窗口选择在 YZ 平面上的面，单击【Details of "Frictionless Support"】框中【Geometry】后的【Apply】按钮，完成对称约束的设置，如图 5-21 所示。

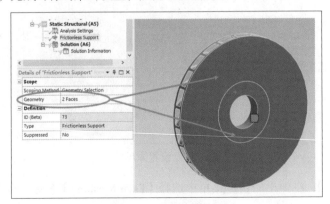

图5-21　设置对称约束

（3）同样的，右击【Outline】中的【Static Structural（A5）】，在弹出的快捷菜单中选择【Insert】→【Rotational Velocity】命令，为模型添加转速。单击【Definition】中【Define By】后的【Vector】，将其修改为【Components】，在【X Component】中输入 3000，其他设置保持不变，如图 5-22 所示。

图5-22　设置转速

5.7　求解设置

（1）选择【Outline】中的【Static Structural（A5）】→【Analysis Settings】，左下方出现【Details of "Analysis Settings"】框，将【Step Controls】中的【Auto Times Stepping】修改为【On】，同时设置【Initial Substeps】为 10，设置【Solver Type】为【Direct】（采用直接法进行求解计算），设置【Weak Springs】为【On】（打开弱弹簧），设置【Large Deflection】为【On】（打开大变形），其他设置保持默认不变，如图 5-23 所示。

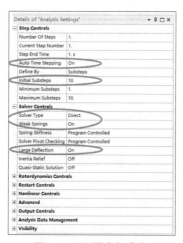

图5-23　设置求解参数

（2）右击【Solution】中的【Solution（A6）】，在弹出的快捷菜单中选择【Solve】命令，或者单击工具栏中的【Solve】按钮，软件会进行求解，界面左下角会出现求解进度条。当进度条显示为 100% 时，求解完成。

5.8 后处理

（1）加载完成后，插入想要查看的结果。选择【Solution】→【Deformation】→【Total】，或者右击【Solution（A6）】，在弹出的快捷菜单中选择【Insert】→【Deformation】→【Total】,【Solution（A6）】下方会出现【Total Deformation】（总变形）选项。

（2）采用上述方法，插入【Equivalent Stress】（等效应力）选项。单击【Scope】中【Geometry】后的，出现【Apply】按钮，单击选择体命令，再选中风扇几何体，最后单击【Apply】按钮，如图 5-24 所示。

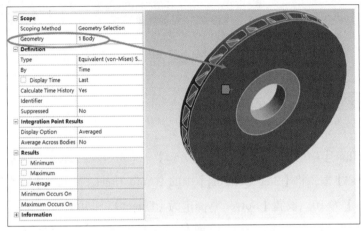

图5-24　设置等效应力

（3）同样的，选择【Contact Tool】选项，添加【Pressure】（压力）命令，用以查看接触压力。

（4）选择【Solution（A6）】→【Evaluate All Result】，查看上述结果。单击分析树下想要查看的结果，图形框中就会出现对应的云图。选择【Result】→【Edges】→【No WireFrame】选项，云图就不会显示网格。结构总变形云图如图 5-25 所示，风扇等效应力云图如图 5-26 所示，接触面的接触压力如图 5-27 所示。

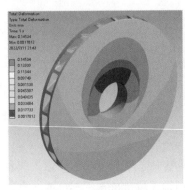
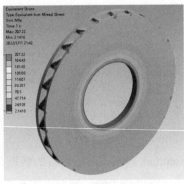
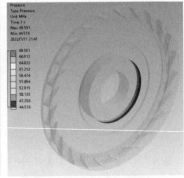

图5-25　总变形云图　　　　图5-26　风扇等效应力云图　　　　图5-27　接触面压力云图

5.9 保存与退出

（1）选择【File】→【Close Mechanical】命令，退出 Mechanical 分析界面，返回 ANSYS Workbench 主界面。此时主界面项目管理区中显示的分析项目栏后都显示为√，表示分析均已经完成。

（2）在 ANSYS Workbench 主界面单击工具栏中的保存按钮，保存包含分析结果的文件。单击右上角的 ×（关闭）按钮，退出 ANSYS Workbench 主界面，完成项目分析。

本章小结

本章讲解了发电机风扇过盈配合的强度分析过程，建立了风扇与转轴之间的接触，讲解了过盈配合设置的基本流程、载荷和约束的加载方法，以及后处理等过程，读者可以以此理解和掌握过盈配合的知识。

第 6 章

螺栓预紧力仿真计算

螺栓是工程连接中的一个重要组成部分，其工作原理是通过对螺栓施加扭矩产生预紧力，来抵抗外载对连接结构的作用，从而使结构处于平衡状态，以能保证工程的安全性。因此，对螺栓扭矩 – 预紧力的研究具有很重要的意义。本章通过仿真计算螺栓预紧过程，得到相应扭矩下的预紧力。

6.1 问题描述

图 6-1 所示为直径 12mm，牙距 1.75mm，强度等级 8.8 级的螺栓及螺母，材质为 45 号钢；中间有两个被夹件，分为上板和下板，材质为 Q235。根据力矩标准，该型号等级下的螺栓在工程连接中一般施加 80N·m 的扭矩，以产生预紧力，从而固定连接。本章即以此扭矩为输入条件，对螺栓头施加 80N·m 扭矩，固定螺母及下板侧面，仿真计算该工况下的预紧力大小。

图6-1　几何模型

6.2 建立分析项目并创建几何体

（1）启动 ANSYS Workbench 2022 R2，进入主界面。

（2）拖动（或者双击）主界面工具箱【Toolbox】栏中【Analysis Systems】板块下的结构静力分析项目【Static Structural】到右侧的【Project Schematic】框中，搭建好静力学分析流程框架，如图 6-2 所示。

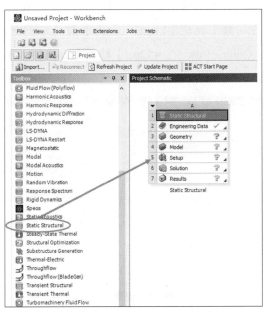

图6-2　创建分析项目

（3）右击 A3 栏中的【Geometry】，在弹出的快捷菜单栏中选择【Import Geometry】→【Browse】命令，找到几何模型所在的文件夹，选择几何模型【bolt.x_t】。导入几何模型后，分析模块中 A3 栏【Geometry】后的?变为√，表明几何模型已导入。

6.3 添加模型材料参数

（1）双击 A2 栏中的【Engineering Data】，进入材料参数设置界面，如图 6-3 所示。

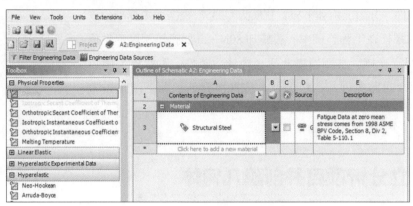

图6-3 材料参数设置界面

（2）选择【Outline of Schematic A2：Engineering Data】→【Click here to add a new material】，输入新材料名称【45steel】。

（3）单击左侧工具栏【Physical Properties】前的 + 图标将其展开，双击【Density】，【Properties of Outline Row 3：45steel】框中会出现需要输入的【Density】值，在 B3 框中输入 7850。

（4）同步骤（3），单击左侧工具栏【Linear Elastic】前的 + 图标将其展开，双击【Isotropic Elasticity】，在【Properties of Outline Row 3：45steel】输入【Young's Modulus】为 2E+11，"Poisson's Ratio" 为 0.3，如图 6-4 所示。

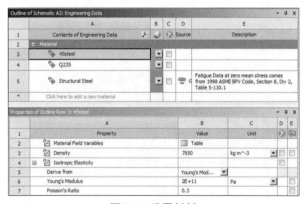

图6-4 设置材料

（5）执行上述相同的步骤，创建新材料名称 Q235，其材料密度、弹性模量及泊松比与 45steel 材料相同。

（6）单击工具栏中【A2:Engineering Data】中的关闭按钮，返回 ANSYS Workbench 主界面，新材料创建完毕。

6.4 材料赋予与接触设置

（1）双击项目管理区中的【A4：Model】，进入 Mechanical 分析界面，如图 6-5 所示。

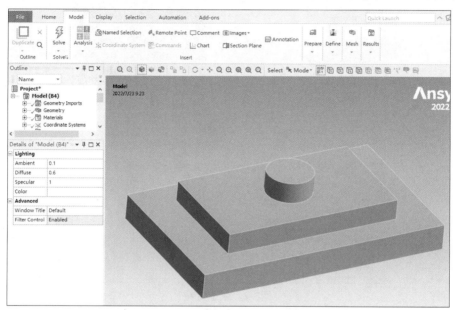

图6-5　Mechanical 分析界面

（2）将主菜单【Home】下的【Units】单位设置为【Metric（mm，ton，N，s，mV，mA）】。

（3）更改各 part 的名称，以便于识别装配体的各部件。单击左侧【Outline】中【Geometry】前的加号，展开【Geometry】列表，右击【Part 1】，在弹出的快捷菜单中选择【Rename】命令，将名称更改为【螺栓】。再依次将 Part 2、Part 3、Part 4 重命名为【螺母】【下板】【上板】，如图 6-6 所示。

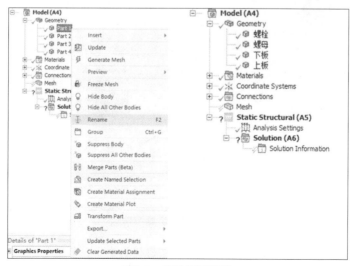

图6-6　更改模型名称

（4）分配材料属性给几何模型。展开【Geometry】列表，选择模型【螺栓】，下方出现【Detail of "螺栓"】参数列表，设置【Assignment】为 45steel，其他保持默认。采用同样的步骤，依次对【螺母】赋予 45steel，对【上板】和【下板】赋予 Q235 材料，如图 6-7 所示。

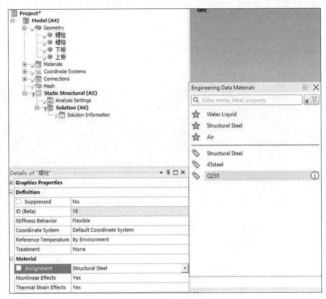

图6-7　赋予材料

（5）选择【Outline】中的【Connections】→【Contacts】，删除所有自动生成的接触对，进行手动创建。右击【Outline】中的【Connections】，并在上方主菜单【Connections】中右击【Contacts】，在【Contacts】的展开选项中选择【Frictional】，即在【Outline】中的【Connections】下建立了摩擦接触选项，如图 6-8 所示。

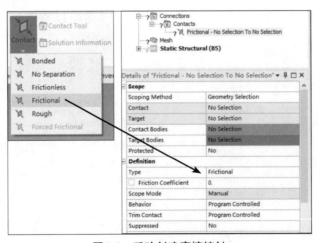

图6-8　手动创建摩擦接触

（6）建立螺栓头部与上板之间的摩擦接触。选中螺栓头底面，单击【Details of "Frictional"】栏中【Contact】中的【Apply】按钮；再选中上板的上表面，单击【Details of "Frictional"】栏中

【Target】中的【Apply】按钮。在【Friction Coefficient】中输入摩擦系 0.2，设置好摩擦系数后，即建立好了一个完整的摩擦接触，如图 6-9 所示。以同样的步骤建立上板与下板、下板与螺母端面、螺栓螺纹与螺母螺纹之间的摩擦接触，摩擦系数均设置为 0.2，即完成了所有摩擦接触的建立，如图 6-10~ 图 6-12 所示。

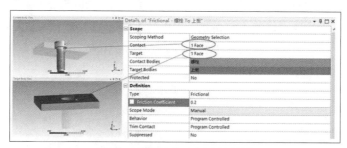

图6-9　螺栓头与上板摩擦接触

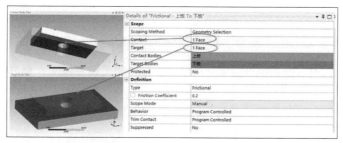

图6-10　上板与下板摩擦接触

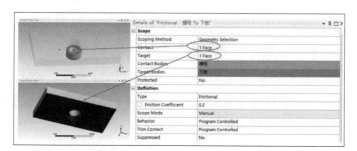

图6-11　下板螺母端面下板摩擦接触

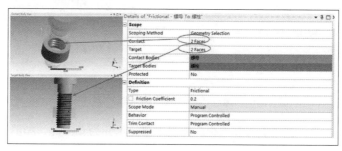

图6-12　螺栓螺纹与螺母螺纹摩擦接触

6.5 网格划分

（1）右击【Outline】中的【Mesh】，在弹出的快捷菜单中选择【Insert】→【Method】命令，添加网格划分方法。在【Scope】中单击【Geometry】栏后的【No Selection】，选择右边图框中的轴模型，单击【Apply】按钮，修改【Definition】中的【Method】为【Multizone】，其他保持默认，如图 6-13 所示。

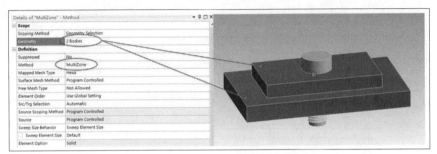

图6-13 设置上板和下板网格划分方法

（2）同步骤（1），对螺栓和螺母添加网格划分方法，相关设置如图 6-14 所示。

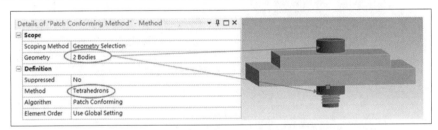

图6-14 设置螺栓和螺母网格划分方法

（3）右击【Mesh】，在弹出的快捷菜单中选择【Sizing】命令。单击【Scope】中的【No Selection】，按住 Ctrl 键，选中螺栓和螺母模型，单击【Apply】按钮，设置【Definition】中的【Element Size】为 1.5mm，如图 6-15 所示。

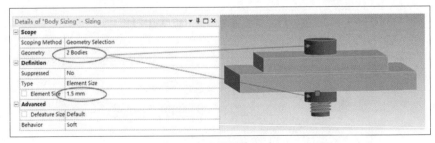

图6-15 设置网格尺寸1

（4）采用同样的步骤，选中上板和下板，并设置单元尺寸为 2.0mm，如图 6-16 所示。

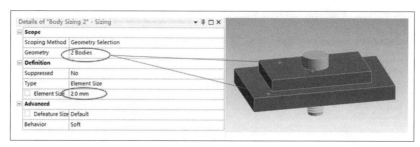

图6-16 设置网格尺寸2

（5）右击【Mesh】，在弹出的快捷菜单中选择【Generate Mesh】命令，右侧图形区域生成网格模型，效果如图 6-17 所示。

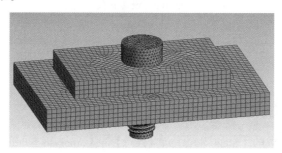

图6-17 网格效果

6.6 载荷施加和边界条件

（1）设置边界条件。右击【Outline】中的【Static Structural（A5）】，在弹出的快捷菜单中选择【Insert】→【Fixed Support】（全约束）。选择工具栏中的选择面命令，按住 Ctrl 键，选中螺母外表面及下板的 4 个侧面，再单击【Details of "Fixed Support"】栏后的【Apply】按钮，如图 6-18 所示。

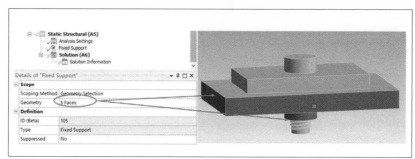

图6-18 设置边界条件

（2）设置载荷。右击【Outline】中的【Static Structural（A5）】，在弹出的快捷菜单中选择【Insert】→【Moment】（力矩载荷）。选择工具栏中的选择面命令，选中螺栓头表面，单击

【Geometry】后的【Apply】按钮，设置【Definition】中的【Define By】为【Components】，设置【Z
Component】为 –80000N·mm，其他设置保持不变，如图 6-19 所示。

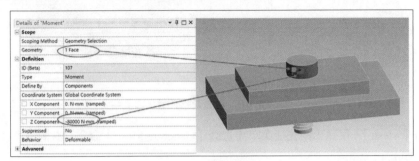

图6-19　设置载荷

6.7　求解设置

（1）选择【Outline】中的【Static Structural（A5）】→【Analysis Settings】，左下方出现【Details
of "Analysis Settings"】列表，将【Step Controls】中的【Auto Times Stepping】修改为【On】，设置
【Initial Substeps】为 5，【Mininum Substeps】为 1，【Maximum Substeps】为 50，【Solver Type】为
【Direct】（采用直接法进行求解计算），【Large Deflection】为【On】（打开大变形）；为了能够输出
查看预紧力，还需要设置输出接触力，在【Details of "Analysis Settings"】栏中展开【Output Controls】，
将【Nodal Forces】修改为【Yes】，如图 6-20 所示。

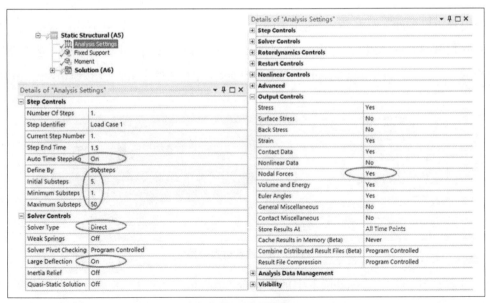

图6-20　设置求解

（2）右击【Outline】中的【Solution（A6）】，在弹出的快捷菜单中选择【Solve】命令，或者单击工具栏中的【Solve】按钮，软件会进行求解，界面左下角会出现求解进度条。当进度条显示100% 时，求解完成。

6.8　后处理

（1）加载完成后，插入想要查看的结果。选择【Solution】→【Deformation】→【Total】，或者右击【Solution（A6）】，在弹出的快捷菜单中选择【Insert】→【Deformation】→【Total】命令，【Solution（A6）】下方就会出现【Total Deformation】（总变形）选项。

（2）采用上述方法，鼠标右击【Solution（A6）】，在弹出的菜单中选择【Insert】→【Equivalent Stress】，鼠标单击右下方【Scope】→【Geometry】，软件默认选择【All Bodies】，即插入整体模型等效应力云图。同样的方法，鼠标右击【Solution（A6）】，在弹出的菜单中选择【Insert】→【Equivalent Stress】，鼠标单击右下方【Scope】→【Geometry】，选择螺栓模型，最后单击【Apply】按钮。如图 6-21 所示。

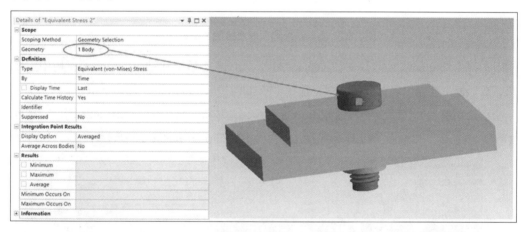

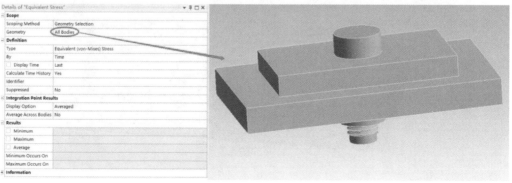

图6-21　等效应力设置

（3）右击【Solution（A6）】，在弹出的快捷菜单中选择【Insert】→【Probe】→【Force Reaction】命令，插入【Force Reaction】选项。在【Details of "Force Reaction"】中，将【Location Method】修改为【Contact Region】，此时在下方出现【Contact Region】选项，单击右侧框，即可看到有 4 个之前建立的接触对，选择【Frictional-Part1 To Part 4】，即螺栓头与上板之间的摩擦接触，将【Extraction】设置为【Contact(Underlying Element)】，即提取接触面单元的反力，也即所需要提取的预紧力大小，如图 6-22 所示。

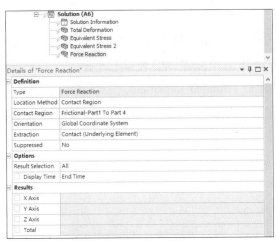

图6-22　插入结果选项以及接触力提取设置

（4）选择【Solution（A6）】→【Evaluate All Result】，查看上述结果。单击分析树中想要查看的结果，图形框中就会出现对应的云图。选择【Result】→【Edges】→【No Wireframes】选项，云图就不会显示网格。结构总变形云图如图 6-23 所示，整体等效应力云图如图 6-24 所示，螺栓应力云图如图 6-25 所示，接触面的接触反力的方向和大小如图 6-26 和图 6-27 所示。

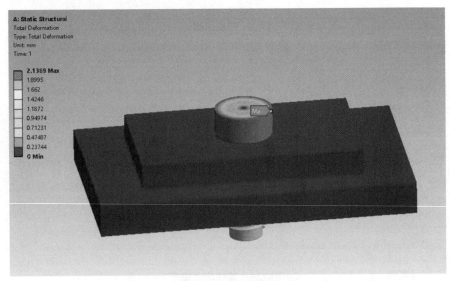

图6-23　总变形云图

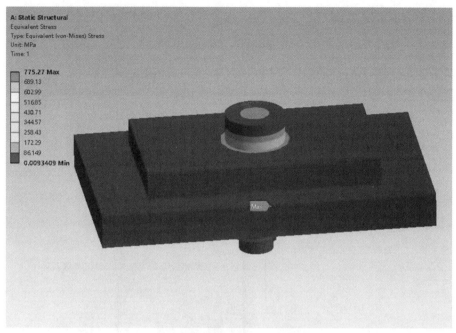

图6-24　整体等效应力云图

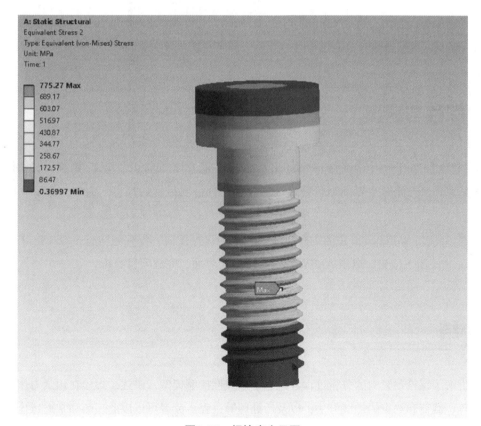

图6-25　螺栓应力云图

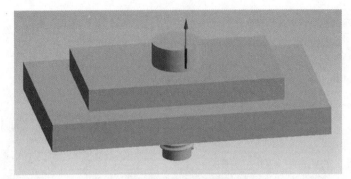

图6-26　接触力方向

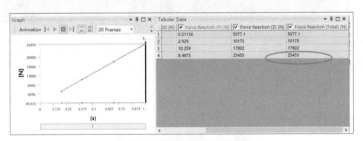

图6-27　接触力计算结果

由计算结果可以看出，直径 12mm，牙距 1.75mm，强度等级 8.8 级的螺栓，在各接触摩擦系数为 0.2 的情况下，当施加 80N·m 扭矩时，计算所得的预紧力为 25455N。

6.9　保存与退出

（1）选择【File】→【Close Mechanical】命令，退出 Mechanical 分析界面，返回 ANSYS Workbench 主界面。此时主界面项目管理区中显示的分析项目栏后都显示为√，表示分析均已经完成。

（2）在 ANSYS Workbench 主界面单击工具栏中的保存按钮，保存包含分析结果的文件。单击右上角的 ×（关闭）按钮，退出 ANSYS Workbench 主界面，完成项目分析。

本章小结

本章讲解了螺栓预紧力的分析过程，建立了非线性接触模型，讲述了螺栓在预紧力作用下分析的基本流程、载荷和约束的加载方法，以及后处理等过程，读者可以以此理解和掌握螺栓预紧力计算的知识。

第 7 章
球头弹塑性仿真计算

　　球头是汽车底盘结构中的一个重要组成部分，控制臂或稳定杆常通过位于端部的球头与其他部件连接。通过球头可以实现不同轴之间的动力传送，提供多角度的旋转，使得机构得以平顺转动，减少震动。球头一般受力较为平稳，但当机构发生干涉时，球头就会受力异常，甚至会发生断裂，因此对球头的强度分析具有重要的意义。本章即仿真计算球头在大载荷作用下的弹塑性非线性响应。

7.1 问题描述

图 7-1 所示为本章所研究的球头几何模型，其材质为不锈钢，球头上部与杆件相连，即受到杆件的载荷作用，下部与其他零部件连接。本章即以此工况作为研究条件，对球头顶部与杆件连接位置施加 5000N 力，固定球头下部与其他零部件连接的球柄外表面，仿真计算该工况下的变形、应力及塑性变形等。

图7-1　几何模型

7.2 建立分析项目并创建几何体

（1）启动 ANSYS Workbench 2022 R2，进入主界面。

（2）拖动或者双击主界面工具箱【Toolbox】栏中【Analysis Systems】板块下的结构静力分析项目【Static Structural】到右侧【Project Schematic】框中，即搭建好静力学分析流程框架，如图 7-2 所示。

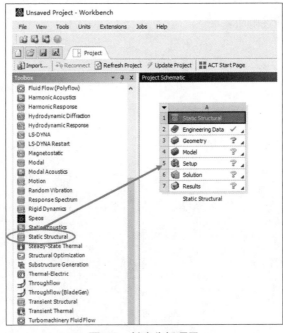

图7-2　创建分析项目

（3）右击 A3 栏中的【Geometry】，在弹出的快捷菜单栏中选择【Import Geometry】→【Browse】命令，找到几何模型所在的文件夹，选择几何模型【qiutou.x_t】。导入几何模型后，分析模块中 A3 栏【Geometry】后的?变为√，表明几何模型已导入。

（4）右击 A3 栏中的【Geometry】，在弹出的快捷菜单中选择【New DesignModeler Geometry】目录，进入【DesignModeler】界面，单击左上方工具栏中的【Generate】按钮，在视图中显示导入的模型，如图 7-3 所示。

图7-3　导入的球头模型

（5）在主菜单【Units】中选择【Millimeter】。

（6）为了能够对模型进行六面体网格划分，需要对模型进行切割。首先选择【Create】→【New Plane】命令，在【Details of Plane4】栏中将【Type】修改为【From Circle/Ellispe】，单击球头模型顶端的圆形曲线；然后单击【Base Edge】栏中右侧的【Apply】按钮，再单击工具栏中的【Generate】按钮，即生成平面 Plane4，如图 7-4 所示。

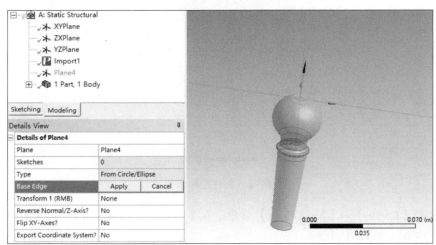

图7-4　建立Plane4

（7）在右侧【Tree Outline】（模型树）中选择 Plane4，单击工具栏中的草图标签，再单击【Sketching】按钮，进入草图绘制环境。单击正视放大标签，使草图绘制平面正视前方。

（8）单击【Circle】按钮，选择球头顶端圆形曲线的圆心为中心点绘制圆形，单击【Dimensions】中的【Radius】按钮，设定半径为3mm，如图 7-5 所示。

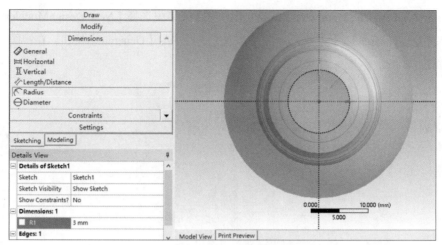

图7-5　建立圆形草图

（9）单击工具栏中的【Extrude】按钮，在【Details of "Extrude"】栏中，在【Geometry】中选择刚绘制的圆形草图，单击【Apply】按钮，完成选择。将【Operation】设置为【Slice Material】，【Direction】设置为【Reverse】，【Extent Type】设置为【Through All】，单击【Generate】按钮，即完成圆柱的切分，如图 7-6 所示。

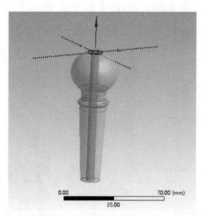

图7-6　圆柱拉伸分割

（10）选择【Create】→【New Plane】命令，在【Details of Plane5】栏中将【Type】设置为【From Plane】，【Base Plane】设置为【Plane4】，【Transform 1（RMB）】设置为【Offset Z】，在【FD1，Value 1】中输入 –20mm，单击工具栏中【Generate】按钮，即生成平面 Plane5；同样的步骤，选择【Create】→【New Plane】命令，在【Details of Plane6】栏中将【Type】设置为【From Plane】，【Base Plane】设置为【Plane5】，【Transform 1（RMB）】设置为【Offset Z】，在【FD1，Value 1】中输入 –18mm，单击工具栏中【Create】按钮，即生成平面 Plane6，如图 7-7 所示。

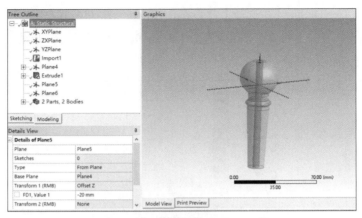

（a）建立Plane5

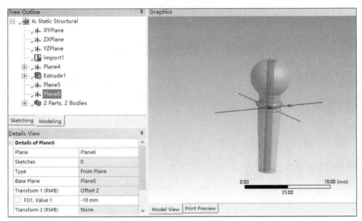

（b）建立Plane6

图7-7　建立Plane5和Plane6

（11）选择【Create】→【Slice】命令，在【Details of Slice 1】栏中将【Slice Type】设置为【Slice by Plane】，【Base Plane】设置为【Plane5】，单击工具栏中【Generate】按钮，完成切割；以同样的步骤，将【Base Plane】设置为【Plane6】，单击工具栏中【Generate】按钮，完成再一次切割；以同样的步骤，将【Base Plane】设置为【ZXPlane】，完成最后的切割，效果如图 7-8 所示。

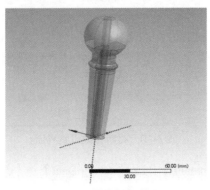

图7-8　最终切割效果

（12）在右侧【Tree Outline】中选择【12 Parts，12Bodies】，单击其左侧的加号按钮，展开并选中所有的 Part，右击，在弹出的快捷菜单中选择【Form New Part】命令，形成一个整体 Part，即将所有的 Part 共节点，如图 7-9 所示。

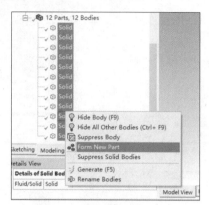

图7-9　将所有的part共节点

（13）单击 DesignModeler 界面右上角的 ×（关闭）按钮，退出 DesignModeler 界面，返回 ANSYS Workbench 主界面。

7.3 添加模型材料参数

（1）双击 A2 栏中的【Engineering Data】，进入材料参数设置界面，如图 7-10 所示。

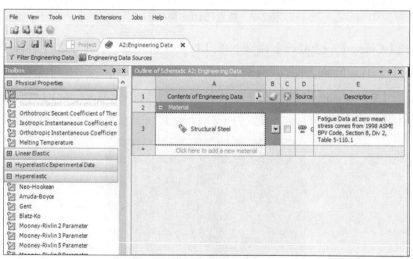

图7-10　材料参数设置界面

（2）选择【Outline of Schematic A2：Engineering Data】→【Click here to add a new material】，输入新材料名称【stainless steel】。

（3）单击左侧工具栏【Physical Properties】前的 + 图标将其展开，双击【Density】,【Properties of Outline Row 3：stainless steel】框中会出现需要输入的【Density】值，在 B3 框中输入 7850。

（4）同步骤（3），单击左侧工具栏【Linear Elastic】前的 + 图标将其展开，双击【Isotropic Elasticity】，在【Properties of Outline Row 3：stainless steel】框中设置【Young's Modulus】为 2E+11,【Poisson's Ratio】为 0.3；再单击左侧工具栏【Plasticity】前的 + 图标将其展开，双击"Multilinear Kinematic Hardening"，在【Properties of Outline Row 3：stainless steel】框中单击【Multilinear Kinematic Hardening】，右侧出现塑性应变 - 应力输入框，在此输入应力应变数据，如图 7-11 所示。

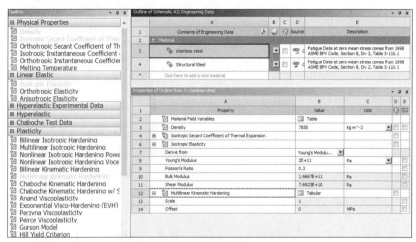

图7-11　设置材料参数

（5）单击工具栏中的【A2:Engineering Data】关闭按钮，返回 ANSYS Workbench 主界面，新材料创建完毕。

7.4 材料赋予与网格划分

（1）双击项目管理区中的【A4：Model】，进入 Mechanical 分析界面，如图 7-12 所示。

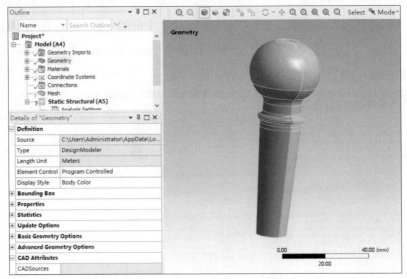

图7-12　Mechanical 分析界面

（2）分配材料属性给几何模型。展开【Geometry】列表，选择【Part】，下方出【Detail of "Part"】参数列表，将【Assignment】设置为【Stainless Steel】，其他保持默认，如图 7-13 所示。

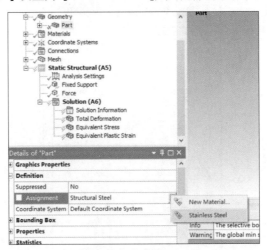

图7-13　赋予材料

（3）右击【Outline】中的【Mesh】，在弹出的快捷菜单中选择【Insert】→【Method】命令，添加网格划分方法。在【Scope】中单击【Geometry】栏后的【No Selection】，选择所有模型，单击【Apply】按钮，修改【Definition】中的【Method】为【Sweep】，其他保持默认，如图 7-14 所示。

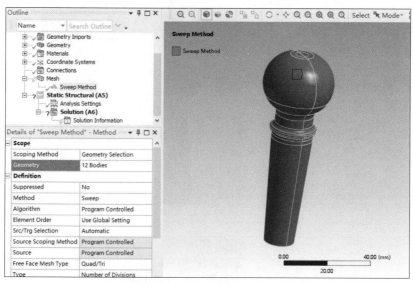

图7-14　设置网格划分方法

（4）右击【Mesh】，在弹出的快捷菜单中选择【Sizing】命令。选择【Scope】→【No Selection】，按住 Ctrl 键，选择所有模型，单击【Apply】按钮，设置【Definition】中的【Element Size】为 10.0mm，如图 7-15 所示。

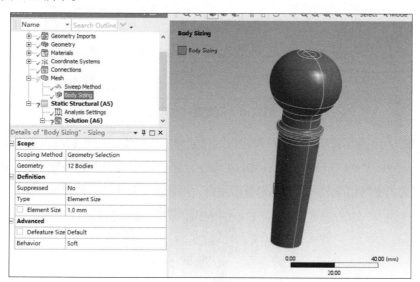

图7-15　设置体网格尺寸

（5）右击【Mesh】，在弹出的快捷菜单中选择【Sizing】命令。选择【Scope】→【No Selection】，选择分割的圆柱上表面，单击【Apply】按钮，设置【Definition】中的【Element Size】为 0.2mm；同样的操作，选择球头截面，单击【Apply】按钮，设置【Definition】中的【Element Size】为 0.8mm，如图 7-16 所示。

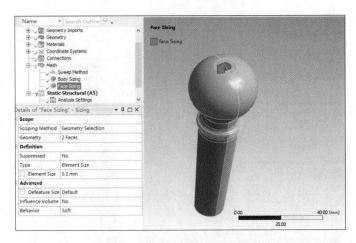

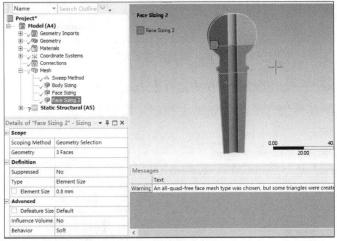

图7-16　设置面网格尺寸

（6）选中图 7-16 所示的球头一半结构进行网格划分，选中体，右击【Mesh】，在弹出的快捷菜单中选择【Generate Mesh On Selected Bodies】命令。再以同样的步骤选中另一半生成网格，最后以同样的步骤选中中间切分出来的圆柱划分出网格，则画出了整体的网格模型，如图 7-17 所示。

图7-17　网格效果

7.5 载荷施加和边界条件

（1）设置边界条件。右击【Outline】中的【Static Structural（A5）】，在弹出的快捷菜单中选择【Insert】→【Fixed Support】命令，选择工具栏中的选择面命令，按住 Ctrl 键，选中球头下部球柄位置的面，再单击【Details of "Fixed Support"】中的【Apply】按钮，如图 7-18 所示。

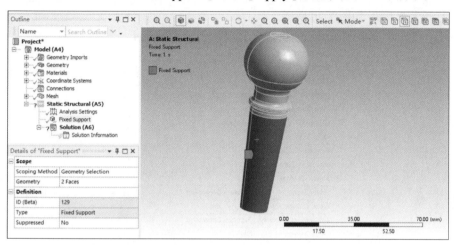

图7-18　设置边界条件

（2）施加载荷。右击【Outline】中的【Static Structural（A5）】，在弹出的快捷菜单中选择【Insert】→【Forcet】（力载荷）命令，选择工具栏中的选择面命令，选中球头顶端表面，单击【Geometry】后的【Apply】按钮。选择完成后，在【Definition】中将【Define By】修改为【Components】，在【X Component】后输入 5000，其他设置保持不变，如图 7-19 所示。

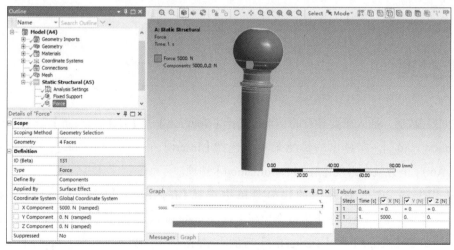

图7-19　施加载荷

7.6 求解设置

（1）选择【Outline】中的【Static Structural(A5)】→【Analysis Settings】，左下方出现【Details of "Analysis Settings"】框，将【Step Controls】中的【Auto Time Stepping】设置为【On】，设置"Initial Substeps"为5，【Mininum Substeps】为1，【Maximum Substeps】为50，设置【Large Deflection】为【On】（打开大变形），如图7-20 所示。

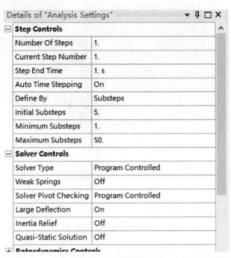

图7-20　设置求解

（2）右击【Outline】中的【Solution（A6）】，在弹出的快捷菜单中选择【Solve】命令，或者单击工具栏中的【Solve】按钮，软件会进行求解，界面左下角会出现求解进度条。当进度条显示100% 时，求解完成。

7.7 后处理

（1）加载完成后，插入想要查看的结果。选择【Solution】→【Deformation】→【Total】，或者右击【Solution（A6）】，在弹出的快捷菜单中选择【Insert】→【Deformation】→【Total】命令，【Solution（A6）】下方就会出现【Total Deformation】选项。

（2）采用上述方法，在弹出的快捷菜单中选择【Insert】→【Stress】→【Equivalent (Von Mises)】命令，【Solution（A6）】下方就会出现【Equivalent Stress】选项。在【Details of "Equivalent Stress"】中，单击【Scope】中【Geometry】后的【All Bodies】按钮，出现【Apply】按钮，单击（选择体），再选中球头上部分，最后单击【Apply】按钮，如图 7-21 所示。

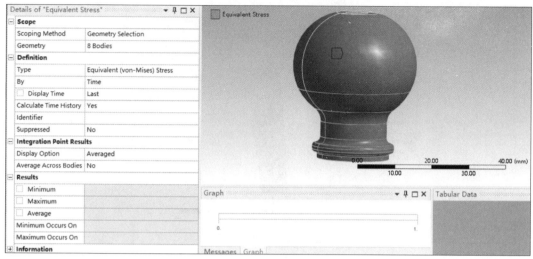

图7-21　设置插入等效应力

（3）仍采用上述方法，在弹出的快捷菜单中选择【Insert】→【Strain】→【Equivalent Plastic】命令，【Solution（A6）】下方就会出现【Equivalent Plastic Strain】（等效塑性应变）选项。在【Details of "Equivalent Plastic Strain"】中，单击【Scope】中【Geometry】后的【All Bodies】按钮，出现【Apply】按钮，单击（选择体），仍选中球头上部分，最后单击【Apply】按钮，如图 7-22 所示。

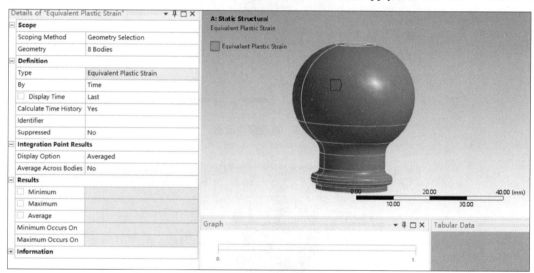

图7-22　设置插入等效塑性应变

（4）选择【Solution（A6）】→【Evaluate All Result】，查看上述结果。单击分析树中想要查看的结果，图形框中就会出现对应的云图。选择【Result】→【Edges】→【No Wireframes】选项，云图就不会显示网格。结构总变形云图如图 7-23 所示，等效应力云图如图 7-24 所示，等效塑性应变云图如图 7-25 所示。

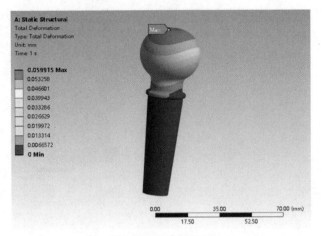

图7-23　总变形云图

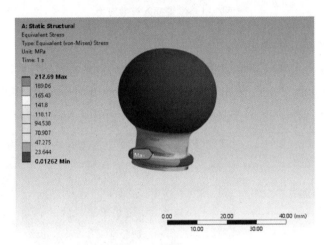

图7-24　等效应力云图

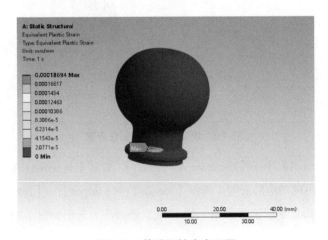

图7-25　等效塑性应变云图

由计算结果可以看出，在 5000N 载荷作用下，球头最大应力发生在中间倒角位置，为 212.69MPa；最大塑性应变也发生在中间倒角位置，与最大等效应力位置一致，为 0.00018694。

7.8　保存与退出

（1）选择【File】→【Close Mechanical】命令，退出 Mechanical 分析界面，返回 ANSYS Workbench 主界面。此时主界面项目管理区中显示的分析项目栏后都显示为√，表示分析均已经完成。

（2）在 ANSYS Workbench 主界面单击工具栏中的保存按钮，保存包含分析结果的文件。单击右上角的 ×（关闭）按钮，退出 ANSYS Workbench 主界面，完成项目分析。

本章小结

本章讲解了弹塑性球头的分析过程，输入了非线性材料参数，讲述了非线性材料仿真分析的基本流程、载荷和约束的加载方法，以及后处理等过程，读者可以以此理解和掌握非线性材料计算的知识。

第 8 章
弹簧板的线性屈曲分析

屈曲是指结构在特定压缩载荷下，还未达到材料强度极限而出现的结构失稳状态，主要用来研究结构失稳的临界载荷。屈曲分析包括线性屈曲分析（特征值屈曲分析）和非线性屈曲分析。

8.1　问题描述

图 8-1 所示为某电机弹簧板几何模型，用于铁心和机座之间的隔震，同时用来承载铁心。当弹簧板发生屈曲后，其承载能力将迅速减弱，严重的话将造成电机结构破坏，因此需要计算结构的临界屈曲值。

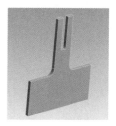

图8-1　几何模型

8.2　建立分析项目并创建几何体

（1）启动 ANSYS Workbench 2022 R2，进入主界面。

（2）拖动或者双击主界面工具箱【Toolbox】栏中【Analysis Systems】板块下的结构静力分析项目【Static Structural】到右侧【Project Schematic】框中，再拖动线性屈曲分析项目【Eigenvalue Bucking】到右侧不放，当鼠标指针落在结构静力分析项目的 A6 栏【Solution】上后放开，搭建好线性屈曲分析流程框架，如图 8-2 所示。

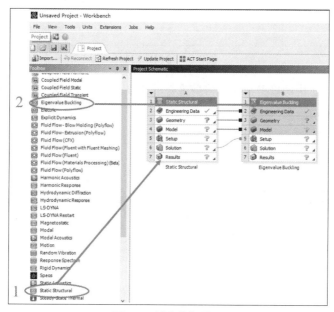

图8-2　创建分析项目

（3）右击 A3 栏中的【Geometry】，在弹出的快捷菜单中选择【New DesignModeler Geometry】，进入 DesignModeler 界面。

（4）在主菜单【Units】中选择【Millimeter】。

（5）在右侧【Tree Outline】中选择【XYPlane】，先单击工具栏中的草图标签；再单击下方的【Sketching】按钮，进入草图绘制环境；最后单击正视放大标签，使草图绘制平面正视前方。

（6）单击【Rectangle】按钮，绘制 3 个矩形，分别单击【Dimensions】中的【General】和【Horizontal】2 个按钮，设定相应的尺寸，如图 8-3 所示。

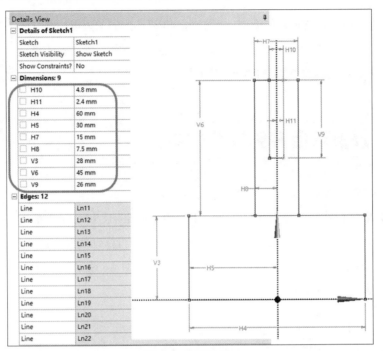

图8-3　绘制草图1

（7）选择【Modify】中的修剪命令，修剪重叠的线段；再选择倒角命令，添加相应的倒角，并设置尺寸，如图 8-4 所示。

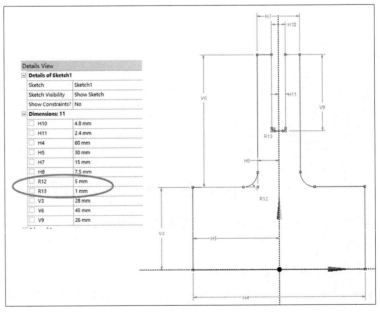

图8-4　绘制草图2

（8）单击工具栏中的拉伸按钮，弹出图 8-5 所示的【Details of Extrude1】面板，设置【Geometry】为【Sketch1】，在【FD1，Depth（＞0）】中输入 3mm，单击工具栏中的【Generate】按钮，并命名为【弹簧板】，如图 8-6 所示。

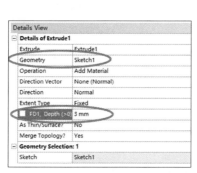

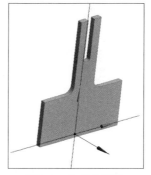

图8-5　【Details of Extrude1】面板　　图8-6　生成几何体

（9）单击 DesignModeler 界面右上角的 ×（关闭）按钮，退出 DesignModeler 界面，返回 ANSYS Workbench 主界面。

8.3　添加模型材料参数

（1）双击 A2 栏中的【Engineering Data】，进入材料参数设置界面，如图 8-7 所示。

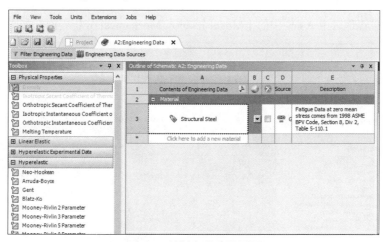

图8-7　材料参数设置界面

（2）单击【Outline of Schematic A2：Engineering Data】→【Click here to add a new material】，输入新材料名称 Q235。

（3）单击左侧工具栏【Physical Properties】前的 + 图标将其展开，双击【Density】，"Properties of Outline Row 4：Q235 框中会出现需要输入的 Density 值，在 B3 框中输入 7850，如图 8-8 所示。

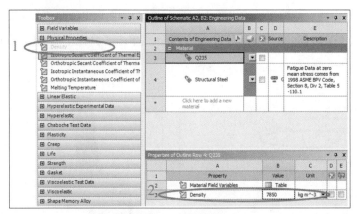

图8-8 设置密度

（4）同步骤（3），单击左侧工具栏【Linear Elastic】前的 + 图标将其展开，双击【Isotropic Elasticity】，在【Properties of Outline Row 4：Q235】框中设置【Young's Modulus】为 2.1E+11，【Poisson's Ratio】为 0.3。

（5）单击工具栏中的【A2：Engineering Data】关闭按钮，返回 ANSYS Workbench 主界面，新材料创建完毕。

8.4 材料赋予与网格划分

（1）双击项目管理区中 A4 栏中的【Model】，进入 Mechanical 分析界面，如图 8-9 所示。

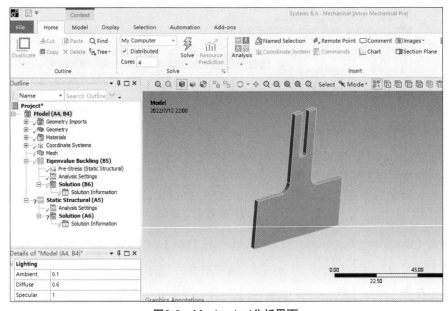

图8-9 Mechanical分析界面

（2）将主菜单【Home】中的【Units】单位设置为【Metric（mm，kg，N，s，mV，mA）】。

（3）分配材料属性给几何模型。单击【Outline】中【Geometry】前的加号，展开【Geometry】列表，选择模型【弹簧板】，下方出现【Detail of " 弹簧板 "】参数列表，单击【Assignment】中的【Structural Steel】，选择【Q235】，其他保持默认，如图 8-10 所示。

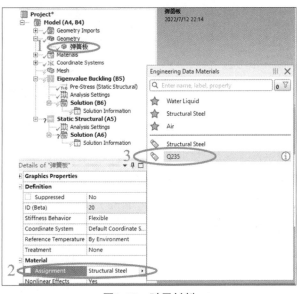

图8-10　赋予材料

（4）右击【Outline】中的【Mesh】，在弹出的快捷菜单中选择【Insert】→【Method】命令，添加网格划分方法。在【Scope】栏中将【Geometry】设置为弹簧板几何体，【Method】设置为【MultiZone】，【Src/Trg Selection】设置为【Manual Source】，【Source】设置为弹簧板一侧面，如图 8-11 所示。

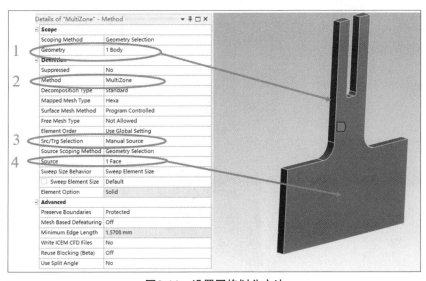

图8-11　设置网格划分方法

（5）在工具栏中选择选择面命令，选中模型端面，右击【Insert】，在弹出的快捷菜单中选择
【Sizing】命令，在【Definition】栏中将【Element Size】设置为 1.0mm，如图 8-12 所示。

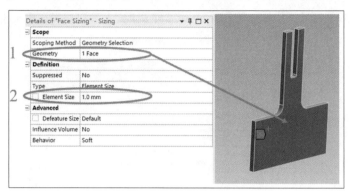

图8-12　设置面尺寸

（6）在工具栏中选择选择线命令，选中模型轴线上的两条线，右击【Insert】，在弹出的快捷菜
单中选择【Sizing】命令，在【Definition】栏中将【Type】设置为【Number of Divisions】，【Number
of Divisions】设置为 4，如图 8-13 所示。

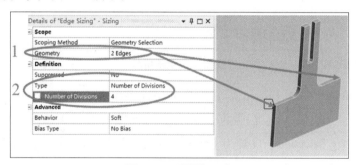

图8-13　设置线尺寸

（7）右击【Mesh】，在弹出的快捷菜单中选择【Generate Mesh】命令，右侧图形区域生成六面
体网格模型，如图 8-14 所示。

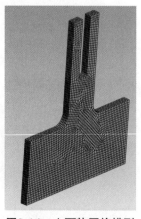

图8-14　六面体网格模型

（8）右击【Outline】中的【Mesh】，在下方的参数列表中展开【Quality】栏，设置【Mesh Metric】为【Element Quality】，右侧图形区域下方出现单元质量分布图，如图 8-15 所示，单元质量都在 0.77 以上，表明网格质量较好。也可将其设置为【Aspect Ratio】（纵横比）等选项，总体度量网格。

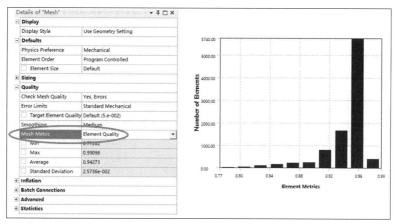

图8-15　度量网格质量

8.5 载荷施加和边界条件

（1）设置边界条件。右击【Outline】中的【Static Structural（A5）】，在弹出的快捷菜单中选择【Insert】→【Fixed Support】（全约束）命令，选择工具栏中的选择面命令，按住 Ctrl 键，选中左右两个侧面，再单击【Details of "Fixed Support"】栏后的【Apply】按钮，如图 8-16 所示。

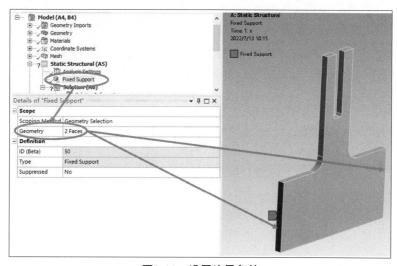

图8-16　设置边界条件

（2）载荷施加。右击【Outline】中的【Static Structural（A5）】，在弹出的快捷菜单中选择【Insert】→【Force】（力载荷）命令，选择工具栏中的选择面命令，选中弹簧板中空底面，单击【Geometry】后的【Apply】按钮。选择完成后，在【Definition】中的【Magnitude】中输入 –1，这里负号表示受到压力，设置 1N 只是为了方便屈曲临界载荷的计算，如图 8-17 所示。

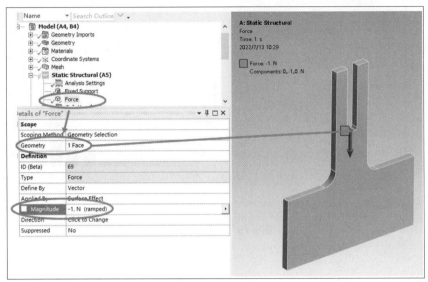

图8-17　施加载荷

8.6 静力学求解

（1）右击【Outline】中的【Solution（A6）】，在弹出的快捷菜单中选择【Solve】命令，或者单击主菜单【Solution】中的【Solve】按钮，软件会进行求解，界面左下角会出现求解进度条。当进度条显示到100%时，求解完成。

（2）在求解工具栏【Solution】中选择【Deformation】→【Total】，或者右击【Solution（A6）】，在弹出的快捷菜单中选择【Deformation】→【Total】命令，查看总变形云图，如图 8-18 所示。

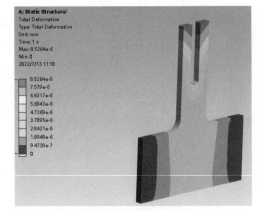

图8-18　总变形云图

8.7 线性屈曲分析

（1）静力学分析完成后，选择分析树中的【Eigenvalue Buckling（B5）】→【Pre-Stress（Static Structural）】，下方出现如图 8-19 所示的列表，表明静力学的数据完成了传递，能够进行耦合计算。

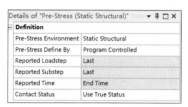

图8-19　设置屈曲

（2）选择分析树中的【Eigenvalue Buckling（B5）】→【Analysis Settings】，在【Details of "Analysis Settings"】框中修改【Max Modes to Find】（最大查找的屈曲模态数）为 6，修改【Include Negative Load Multiplier】为【No】，如图 8-20 所示。

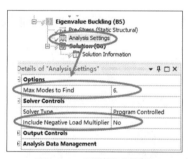

图8-20　设置屈曲模态

（3）右击【Outline】中的【Solution（B6）】，在弹出的快捷菜单中选择【Solve】命令，或者单击工具栏下的【Solve】按钮，进行求解计算。

（4）运算完成后，图形区域下方会出现【Graph】和【Tabular Data】两个图表，如图 8-21 所示。若没有出现这两个图表，则可以单击命令工具栏中的【Graph】和【Tabular Data】两个按钮。在【Graph】图中右击，在弹出的快捷菜单中选择【Select All】命令；再右击，在弹出的快捷菜单中选择【Create Mode Shape Results】命令，左侧【Outline】中的【Solution（B6）】下方就会自动出现需要求解的前六阶屈曲模态，如图 8-22 所示，其中【Mode】后面的数字代表第几阶屈曲模态。

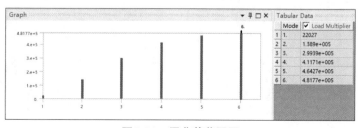

图8-21　屈曲载荷因子

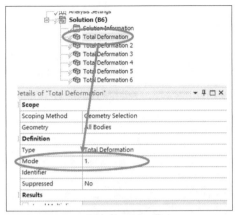

图8-22　设置各阶模态

（5）右击【Solution（B6）】，在弹出的快捷菜单中选择【Evaluate All Result】命令，查看前六阶屈曲模态。将工具栏中的屈曲变形显示放大倍数调整为 4.7 倍，各阶屈曲模态因子与屈曲模态分别如图 8-23~ 图 8-28 所示。

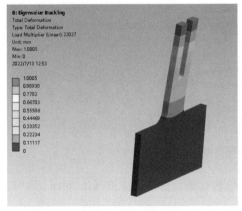

图8-23　一阶屈曲模态和屈曲载荷因子

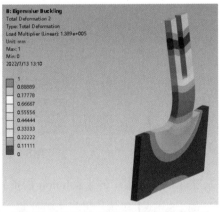

图8-24　二阶屈曲模态和屈曲载荷因子

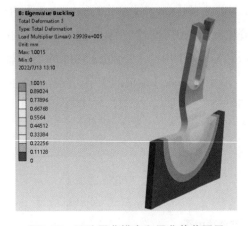

图8-25　三阶屈曲模态和屈曲载荷因子

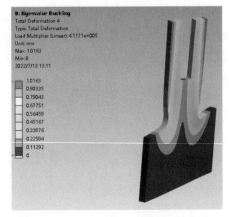

图8-26　四阶屈曲模态和屈曲载荷因子

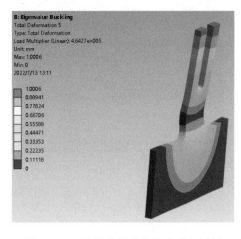

图8-27　五阶屈曲模态和屈曲载荷因子　　　图8-28　六阶屈曲模态和屈曲载荷因子

（6）由图 8-23 可知，第一阶屈曲载荷因子（Load Multiplier Linear）为 22027，静力学分析中加载的外载为 –1N，其中负号代表受压。临界线性屈曲载荷等于实际载荷乘以屈曲载荷因子，因此屈曲载荷为 $1 \times 22027N=22027N$，表示结构在承受的压缩载荷到达 22027N 后发生屈曲失效。所以，在设计过程中，弹簧板受到的压缩载荷应该小于 22027N。

8.8　保存与退出

（1）选择【File】→【Close Mechanical】命令，退出 Mechanical 分析界面，返回 ANSYS Workbench 主界面。此时主界面项目管理区中显示的分析项目栏后都显示为√，表示分析均已经完成。

（2）在 ANSYS Workbench 主界面单击工具栏中的保存按钮，保存包含分析结果的文件。单击右上角的 ×（关闭）按钮，退出 ANSYS Workbench 主界面，完成项目分析。

本章小结

本章讲解了线性屈曲的分析流程，以弹簧板为案例，读者可以以此理解和掌握屈曲分析基本流程、载荷和约束的加载方法及后处理等过程。

第 9 章
转子临界转速计算

临界转速是指使转子发生强烈振动的转速。转子在正常转动过程中总会有一些干扰（如质心不在回转轴上），尤其当转动到某一转速时，振动会变得非常剧烈，严重的会造成结构破坏，此时的转速就是临界转速。因此，为了保证系统结构的安全，转子系统的转子工作转速应该远离临界转速。

在临界转速下，转子系统的振动形式主要是横向振动，其主要与转子的质量和截面惯性矩有关，当然也受到其他一些因素的影响，如陀螺效应、轴承刚度和联轴器的连接方式等。

9.1 问题描述

图 9-1 所示为某一新能源电机的转子几何模型，其工作转速为 10000r/min，现采用 ANSYS Workbench 计算其各阶临界转速，判断是否会发生共振问题。

图9-1 转子几何模型

9.2 导入几何体

（1）启动 ANSYS Workbench 2022 R2，进入主界面。

（2）拖动或者双击主界面工具箱【Toolbox】栏中【Analysis Systems】板块下的结构静力学分析项目【Modal】到右侧【Project Schematic】框中，出现模态分析流程框架，如图 9-2 所示。

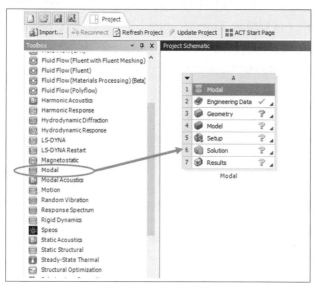

图9-2 创建分析项目

（3）在 A3 栏的【Geometry】上右击，在弹出的快捷菜单中选择【Import Geometry】→【Browse】命令，找到几何模型所在的文件夹，选择几何模型 rotor.x_t。导入几何模型后，分析模块中 A3 栏【Geometry】后的?变为√，表明几何模型已导入。

9.3 添加模型材料参数

（1）双击 A2 栏中的【Engineering Data】，进入材料参数设置界面，如图 9-3 所示。

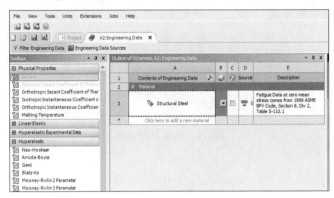

图9-3　材料参数设置界面

（2）定义转子材料参数。单击【Outline of Schematic A2：Engineering Data】→【Click here to add a new material】一栏，输入新材料名称【rotor】。

（3）单击左侧工具栏【Physical Properties】前的 + 图标将其展开，双击【Density】，【Properties of Outline Row 3：rotor】框中会出现需要输入的【Density】值，在 B3 框中输入 7850。

（4）同步骤（3），单击左侧工具栏【Linear Elastic】前的 + 图标将其展开，双击【Isotropic Elasticity】，在【Properties of Outline Row 3：rotor】框中设置【Young's Modulus】为 2.1E+11，【Poisson's Ratio】为 0.28，如图 9-4 所示。

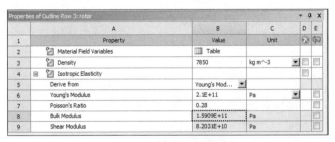

图9-4　设置转子材料参数

（5）单击工具栏中的【A2:Engineering Data】关闭按钮，返回 ANSYS Workbench 主界面，新材料创建完毕。

9.4 材料赋予与模型设置

（1）双击项目管理区中 A4 栏中的【Model】，进入 Mechanical 分析环境，如图 9-5 所示。

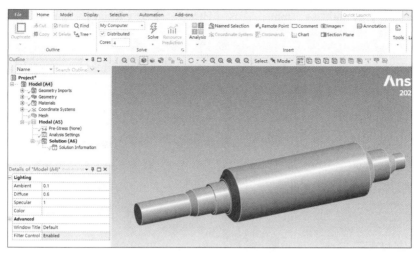

图9-5　Mechanical 分析界面

（2）在主菜单【Home】中将【Units】单位设置为【Metric（mm，kg，N，s，mV，mA）】，【Rotational Velocity】设置为【RPM】。

（3）分配材料属性给几何模型。展开【Outline】中的【Geometry】，右击【旋转 5】，在弹出的快捷菜单中选择【Rename】命令，将其命名为【转子】，同时将【Definition】栏中【Assignment】修改为【rotor】，如图 9-6 所示。

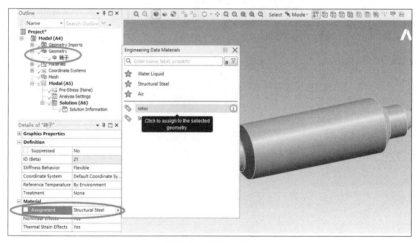

图9-6　赋予材料

（4）设置附加质量。冲片和风扇一般通过过盈配合与转子相互连接，这里通过定义质量点的方式来替代转子上的冲片和风扇等结构。右击【Geometry】，在弹出的快捷菜单中选择【Insert】→【Point Mass】命令，单击工具栏中的选择面按钮，选中图形框中的转子中间面，单击【Detail of "Point Mass"】中【Geometry】后面的【Apply】按钮，设置【Mass】为 20kg，定义【Mass Moment of Inertia X】为 38000kg·mm^2，定义【Mass Moment of Inertia Y】为 38000kg·mm^2，定义【Mass

Moment of Inertia Z】为 36000kg·mm₂，修改【Behavior】为【Rigid】，完成冲片参数设置，如图 9-7 所示。

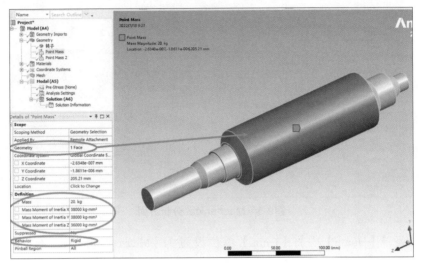

图9-7　设置冲片参数

（5）同步骤（4），设置风扇的参数，具体如图 9-8 所示。

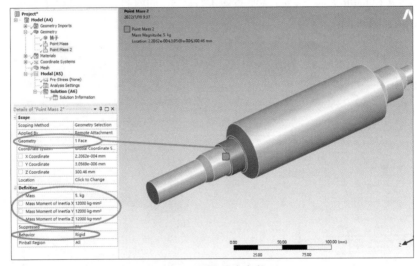

图9-8　设置风扇参数

9.5 轴承设置与网格划分

（1）设置轴承。右击【Outline】中【Model（A4）】命令，在弹出的快捷菜单中选择【Insert】→【Connections】→【Insert】→【Bearing】命令，设置【Definition】框中的【Rotation Plane】为

【X-Y Plane】，修改【Stiffness K11】为 2.4e+005 N/mm，修改【Stiffness K22】为 2.4e+005 N/mm，修改【Damping C11】为 1 N·s/mm，修改【Damping C22】为 1 N·s/mm，选择工具栏中的选择面命令，选中转子轴上的一个面，设置【Behavior】为【Rigid】，其他保持默认不变，如图 9-9 所示。

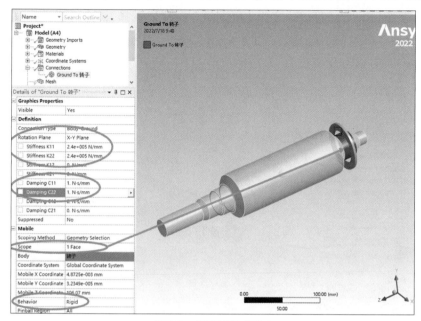

图9-9　设置轴承参数1

（2）同样的，设置另一端的轴承参数，具体如图 9-10 所示。

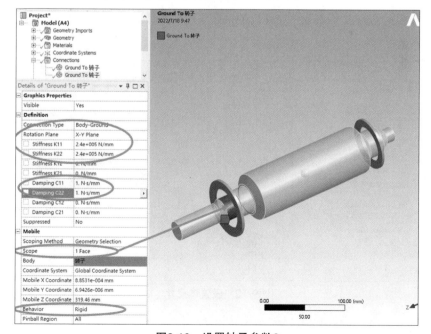

图9-10　设置轴承参数2

（3）设置网格划分。右击【Mesh】，在弹出的快捷菜单中选择【Insert】→【Method】命令，添加网格划分方法。在【Scope】框中，单击【Geometry】栏后的【No Selection】，在工具栏单击选择体按钮，选中转子模型，单击【Apply】按钮，在【Definition】框中设置【Method】为【MultiZone】，设置【Src/Trg Selection】为【Manual Source】，选择工具栏中的选择面命令，选中轴向坐标最小的端面，单击【Source】后面的【Apply】按钮，其他保持默认，如图 9-11 所示。

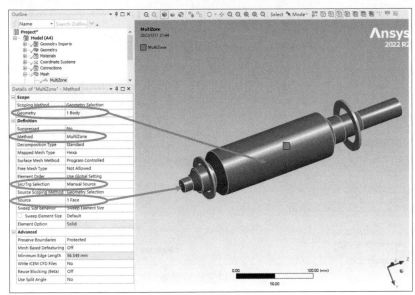

图9-11　设置网格划分

（4）设置体尺寸。右击【Mesh】在弹出的快捷菜单中选择【Insert】→【Sizing】命令，具体设置如图 9-12 所示。

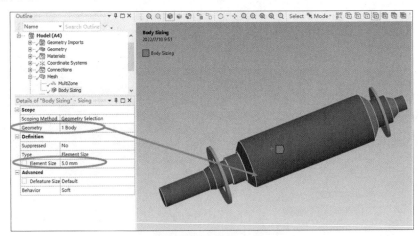

图9-12　设置体尺寸

（5）右击【Mesh】，在弹出的快捷菜单中选择【Generate Mesh】命令，左下方底部会出现网格划分的进程，最终的网格效果如图 9-13 所示。

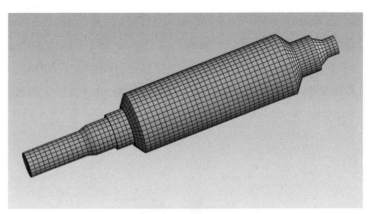

图9-13　网格效果

9.6　求解设置与边界条件

（1）右击【Outline】中的【Modal】(A5)，在弹出的快捷菜单中选择【Analysis Settings】命令，设置【Options】框中的【Max Modes to Find】为 20；设置【Solver Controls】中的【Damped】为【Yes】；设置【Rotordynamics Controls】框中【Coriolis Effect】为【On】（此项计算过程中考虑陀螺效应），设置【Campbell Diagram】为【On】,【Number of Points】修改为 10；设置【Damping Controls】框中的【Constant Structural Damping Coefficient】为 0.02，其他设置保持默认不变，如图 9-14 所示。

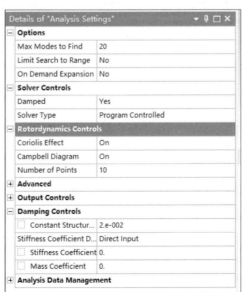

图9-14　设置求解参数

（2）设置转速。右击【Modal（A5）】，在弹出的快捷菜单中选择【Insert】→【Rotational Velocity】命令，设置【Define By】为【Components】，在右下方【Tabular Data】表格的【Z】列依次输入 0、20000、40000、60000、80000、100000、120000、140000、160000、180000，若下方未出现【Tabular Data】，可单击工具栏【Environment】中的【Tabular Data】，如图 9-15 所示。

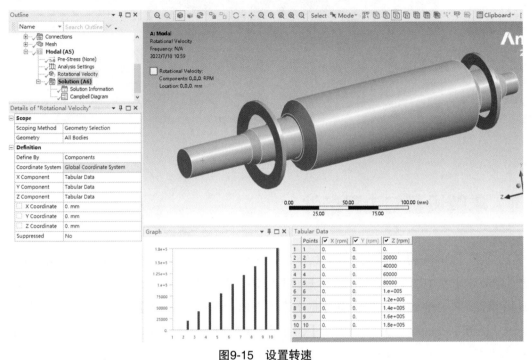

图9-15　设置转速

（3）右击【Outline】中的【Solution（A6）】，在弹出的快捷菜单中选择【Solve】命令，或者单击主菜单【Solution】中的【Solve】按钮，软件会进行求解，界面左下角会出现求解进度条。当进度条显示 100% 时，求解完成。

9.7　后处理

（1）插入坎贝尔图。右击【Solution（A6）】，在弹出的快捷菜单中选择【Campbell Diagram】命令，将【Y Axis Range】定义为【User Defined】，【Y Axis Maximum】修改为 5000Hz；再右击【Solution（A6）】，在弹出的快捷菜单中选择【Evaluate All Results】命令，如图 9-16 所示。坎贝尔图表示激励转速与结构固有频率的关系，横轴是转速，纵轴是固有频率。从图 9-16 中可以发现，从原点出发作一条 $y=x$ 的直线，其与各水平线的交点即为各阶模态的固有频率。

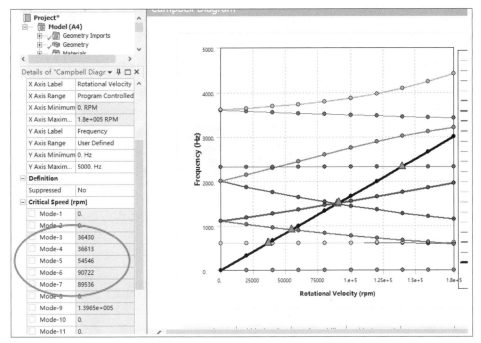

图9-16　插入坎贝尔图

（2）从坎贝尔图可知，第四和第六阶模态表现为稳定下的正向涡动。单击【Solution（A6）】，在右下方的【Tabular Data】中分别右击【Mode 4】和【Mode 6】，在弹出的快捷菜单中选择【Create Mode Shape Results】命令；再右击【Solution（A6）】，在弹出的快捷菜单中选择【Evaluate All Results】命令。为了更明显地观察振型，将工具栏中的结果显示放大倍数调整为 20 倍，如图 9-17 和图 9-18 所示。

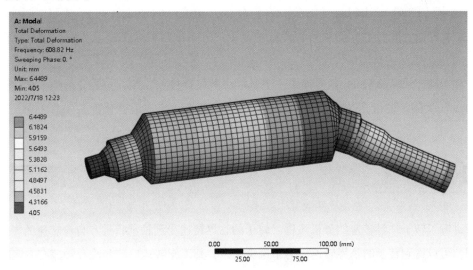

图9-17　转子第四阶振型

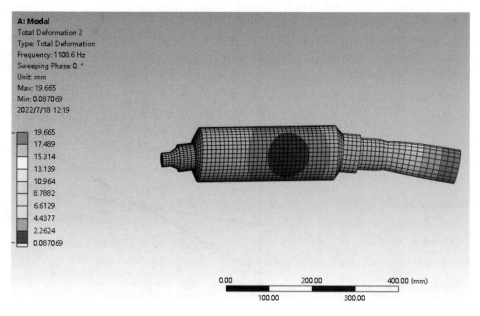

图9-18　转子第六阶振型

（3）该电机的最高工作转速能达到14000r/min，即激励频率为233.333Hz。从上面的计算结果可以发现，转子固有频率为608.82Hz，与电机最高工作转速有足够的分离间隔。

9.8　保存与退出

（1）选择【File】→【Close Mechanical】命令，退出 Mechanical 分析界面，返回 ANSYS Workbench 主界面。此时主界面项目管理区中显示的分析项目栏后都显示为√，表示分析均已经完成。

（2）在 ANSYS Workbench 主界面单击工具栏中的保存按钮，保存包含分析结果的文件。单击右上角的 ×（关闭）按钮，退出 ANSYS Workbench 主界面，完成项目分析。

本章小结

本章讲解了转子临界转速的分析流程。转子的临界转速受到轴承特性和自身转速的影响，通过坎贝尔图，可以得到转子的临界转速。为了避免共振，其工作转速应该与临界转速有一定的间隔。

第 10 章
光伏跟踪支架檩条强度分析

　　檩条这一部件主要起到承载光伏发电板组件，同时与光伏跟踪支架主梁结构连接的作用。工程中由于此零件的设计不合理常导致檩条弯曲破坏，光伏发电板组件被风吹飞的恶劣事故。因此，需要对这一零部件的强度进行分析。

　　檩条与 U 型螺栓、檩条与主梁、檩条与组件的连接实际中都是非线性接触，而错误的分析会将这些零件通过绑定接触在一起，这无意中增加了结构间的刚度，增强了结构的整体强度，从而无法找出结构破坏的原因，也就无法避免事故的发生。

10.1 问题描述

光伏跟踪支架的强度主要受风荷载影响，其檩条结构是整个结构的薄弱点。光伏组件通过螺栓固定在檩条上，檩条又通过 U 形螺栓锚固在主梁上，檩条和主梁之间是摩擦非线性接触，接触刚度没有绑定接触大，故而会产生较大的结构变形和应力，导致结构破坏。檩条锚固结构如图 10-1 所示。

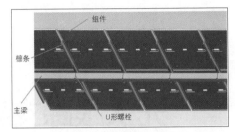

图10-1 檩条锚固结构

10.2 导入几何体和材料参数

（1）在三维建模软件中，提前将模型处理成 1/2 的对称模型可以降低网格数量，提高计算速度。

（2）启动 ANSYS Workbench 2022 R2，进入主界面。

（3）拖动或者双击主界面工具箱【Toolbox】栏中【Analysis Systems】板块下的结构静力学分析项目【Static Structural】到右侧【Project Schematic】框中，出现静力学分析流程框架，如图 10-2 所示。

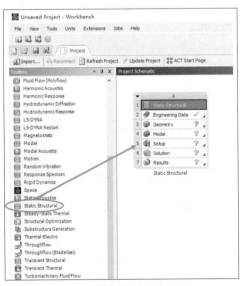

图10-2 创建分析项目

（4）双击 A2 栏中的【Engineering Data】，在出现的界面中单击【Click here to add a new material】，添加铝合金材料 lv。在参数设置中，设置铝合金材料的弹性模量和泊松比。同理，添加玻璃材料参数，如图 10-3 所示。

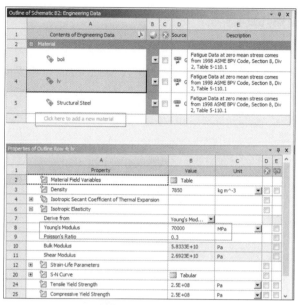

图10-3　添加新材料

（5）在 A3 栏中的【Geometry】上右击，在弹出的快捷菜单中选择【Import Geometry】→【Browse】命令，找到几何模型所在的文件夹，选择几何模型【ms.stp】。导入几何模型后，分析模块中 A3 栏【Geometry】后的?变为√，表明几何模型已导入。

（6）继续在 A3 栏中的【Geometry】上单击鼠标右键，在弹出的快捷菜单栏中选中【Edit Geometry in Design Modeler】软件，进入【Design Modeler】界面，在【Import1】上单击鼠标右键，单击 Generate，生成几何模型，如图 10-4 所示。

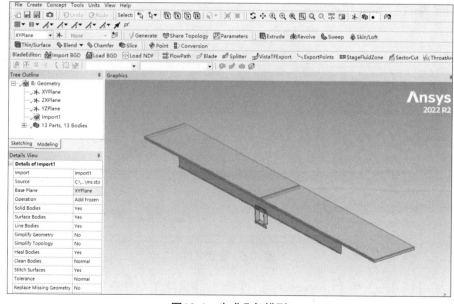

图10-4　生成几何模型

10.3 材料与接触设置

（1）双击项目管理区中 A4 栏中的【Model】，进入 Mechanical 分析界面，如图 10-5 所示。

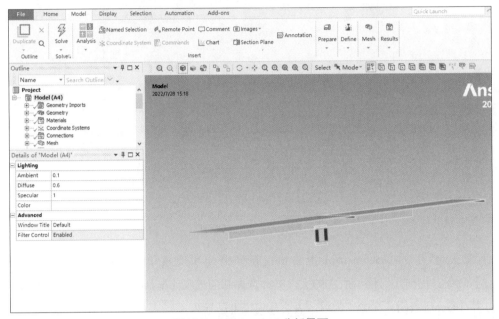

图10-5　Mechanical 分析界面

（2）将主菜单【Home】中的【Units】单位设置为【Metric（mm，ton，N，s，mV，mA）】。

（3）对组件玻璃设置材料为【boli】，对组件边框设置材料为【lv】，设置檩条等钢结构件材料为【Structural Steel】，如图 10-6 所示。

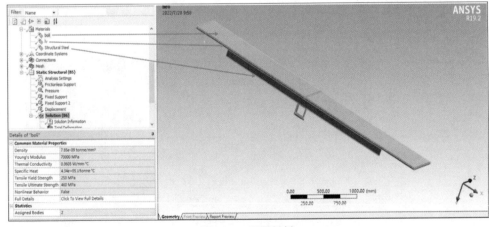

图10-6　设置材料

（4）右击【Outline】中【Connections】，在弹出的快捷菜单中选择【Insert】→【Connection Group】命令，选择对应的几何体，依次建立接触对，如图 10-7 所示。

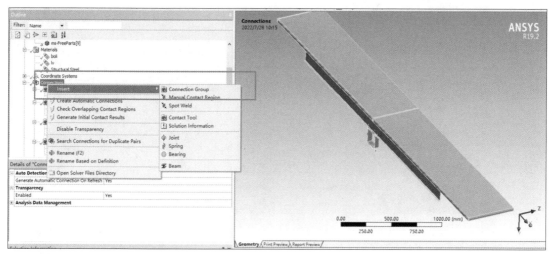

图10-7 建立接触对

（5）对于【Bond】绑定接触，设置参数可以保持不变；对于摩擦【Frictional】接触，设置
【Definition】中的【Type】为【Frictional】,【Friction Coefficient】设置为 0.1,【Advanced】栏中的
【Formulation】修改为【Augmented Lagrange】,【Detection Method】修改为【On Gauss Point】，其
他设置保持默认不变。不同几何体设置不同的接触类型，如图 10-8 所示。

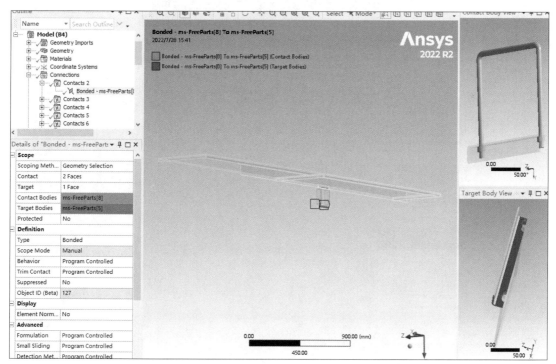

（a）设置U形螺栓与檩条固定底板为Bond绑定接触

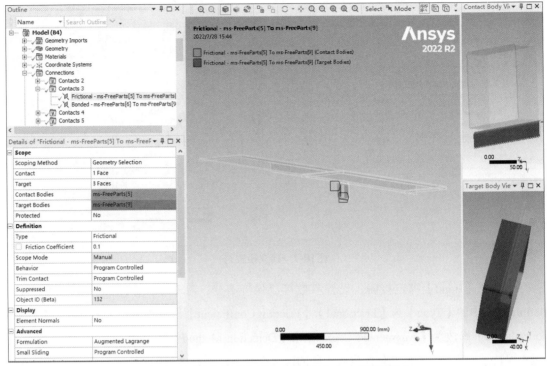

（b）设置檩条加强底板与主梁为Frictional摩擦接触

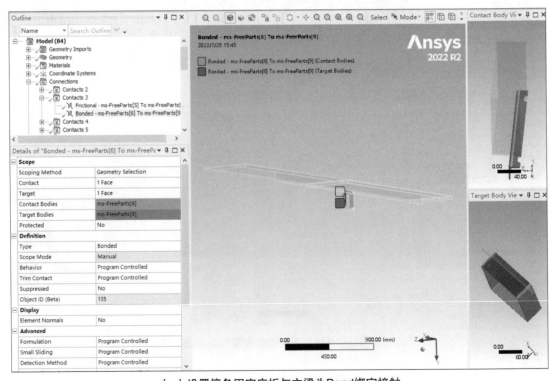

（c）设置檩条固定底板与主梁为Bond绑定接触

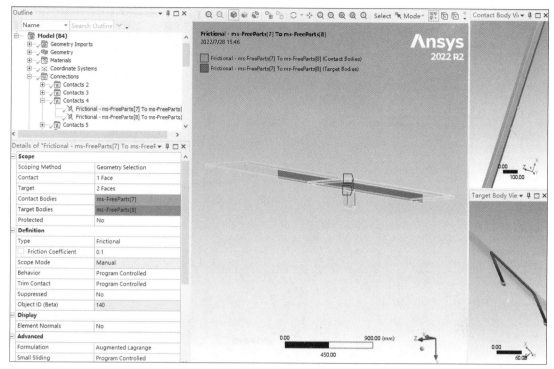

（d）设置U形螺栓与檩条为Frictional摩擦接触

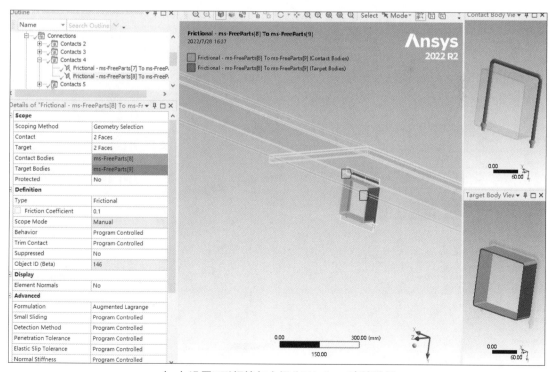

（e）设置U形螺栓与主梁为Frictional摩擦接触

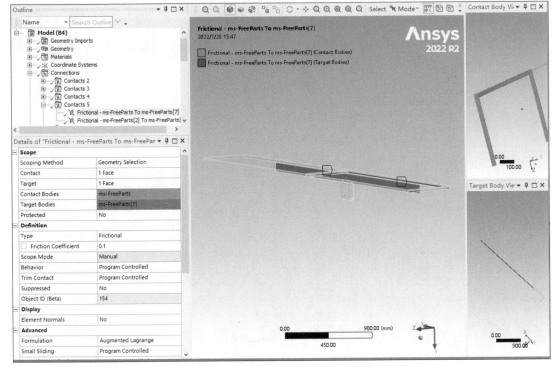

（f）设置组件边框与檩条为Frictional摩擦接触

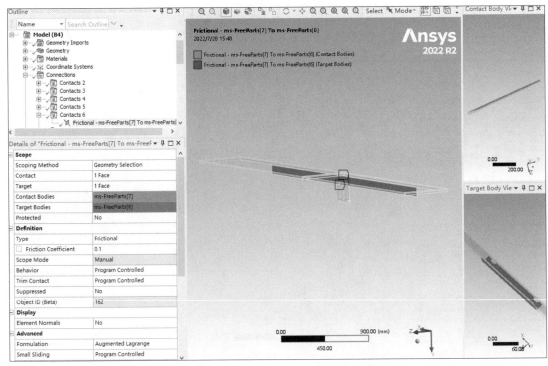

（g）设置檩条加强底板与檩条为Frictional摩擦接触

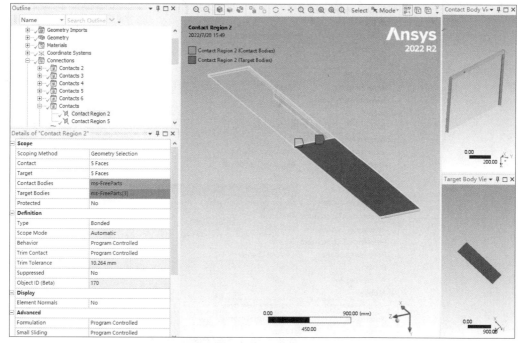

（h）设置组件边框与组件玻璃为Bond绑定接触

图10-8　设置接触

（6）右击【Outline】中的【Connections】，在弹出的快捷菜单中选择【Insert】→【Beam】命令，在组件边框螺栓孔和檩条螺栓孔间建立梁单元，用来模拟螺栓连接作用，如图 10-9 和图 10-10 所示。

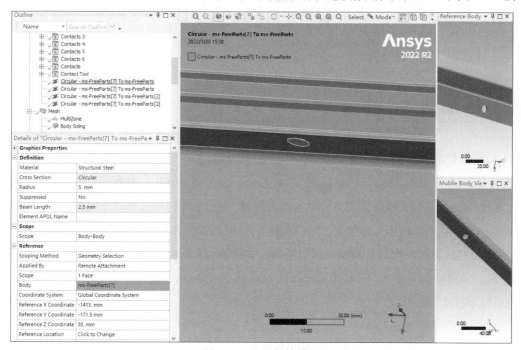

图10-9　设置螺栓模拟

Graphics Properties	
Definition	
Material	Structural Steel
Cross Section	Circular
Radius	5. mm
Suppressed	No
Beam Length	2.5 mm
Element APDL Name	
Scope	
Scope	Body-Body
Reference	
Scoping Method	Geometry Selection
Applied By	Remote Attachment
Scope	1 Face
Body	ms-FreeParts[7]
Coordinate System	Global Coordinate System
Reference X Coordinate	1413. mm
Reference Y Coordinate	-171.5 mm
Reference Z Coordinate	30. mm
Reference Location	Click to Change
Behavior	Rigid
Pinball Region	8. mm
Mobile	
Scoping Method	Geometry Selection
Applied By	Remote Attachment
Scope	1 Face
Body	ms-FreeParts[2]
Coordinate System	Global Coordinate System
Mobile X Coordinate	1413. mm
Mobile Y Coordinate	-174. mm
Mobile Z Coordinate	30. mm
Mobile Location	Click to Change
Behavior	Rigid
Pinball Region	8. mm

图10-10　设置梁单元参数

10.4　网格划分

（1）右击【Mesh】，在弹出的跨界菜单中选择【Insert】→【Method】命令，插入划分方法。对于较为复杂的几何体，如组件边框采用【Hex Dominant】划分方法；剩下较为规则的几何体，如檩条、U形螺栓、固定底板等采用【Multizone】划分方法，如图 10-11 和图 10-12 所示。对于需要重点关注结构应力的几何体，如檩条、U形螺栓等采用较密的网格，网格尺寸控制得更小一些，设置【Element Size】为 5mm，计算精度可以更高，如图 10-13 所示；对于不重要的结构，如组件边框和玻璃，采用较粗的网格，设置【Element Size】为 20~50mm，减小计算规模，提高求解速度，如图 10-14 和图 10-15 所示。

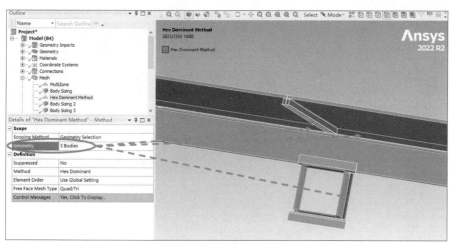

图10-11　设置网格划分方法1

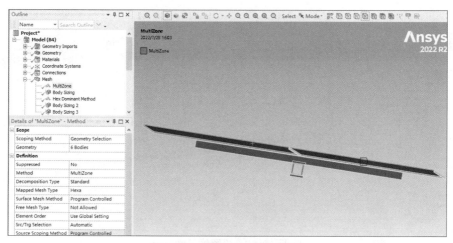

图10-12　设置网格划分方法2

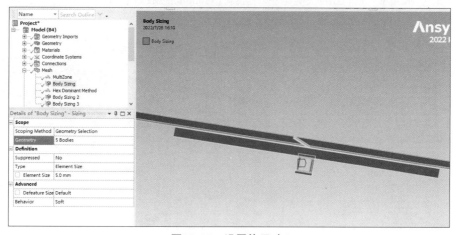

图10-13　设置体尺寸1

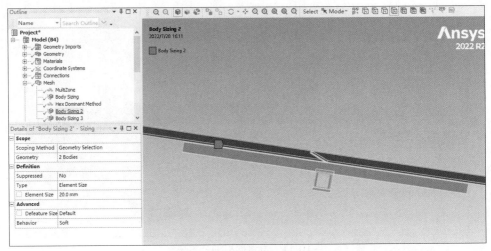

图10-14　设置体尺寸2

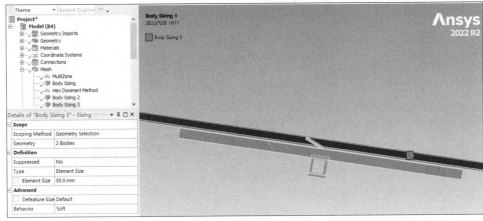

图10-15　设置体尺寸3

（2）右击【Mesh】，在弹出的快捷菜单中选择【Generate Mesh】命令，左下方底部会出现网格划分的进程，最终的网格划分效果如图 10-16 所示。

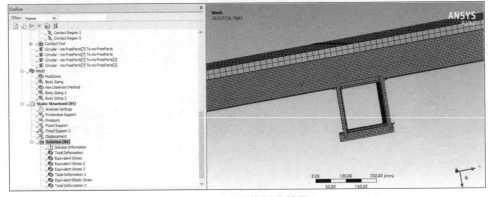

图10-16　网格划分效果

10.5　边界载荷与求解设置

（1）选择【Outline】中的【Static Structural(A5)】→【Analysis Settings】，左下方出现【Details of "Analysis Settings"】框，将【Step Controls】框中的【Auto Times Stepping】修改为【On】，同时设置【Initial Substeps】为 10；设置【Slover Controls】框中的【Solver Type】为【Direct】(采用直接法进行求解计算)，设置【Weak Springs】为【On】(打开弱弹簧)，设置【Large Deflection】为【On】(打开大变形)，其他设置保持默认不变，如图 10-17 所示。

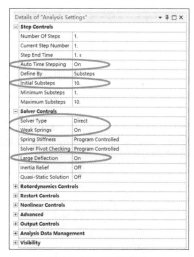

图10-17　设置参数

（2）右击【Analysis Settings】，在弹出的快捷菜单中选择【Insert】→【Fixed Support】命令，选择主梁端面，设置固定约束，如图 10-18 所示；右击【Analysis Settings】，在弹出的快捷菜单中选择【Insert】→【Frictional Support】命令，选择几何体的剖切面，设置对称约束，如图 10-19 所示。

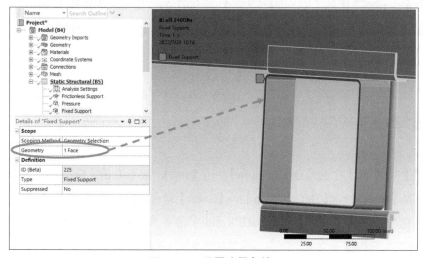

图10-18　设置边界条件1

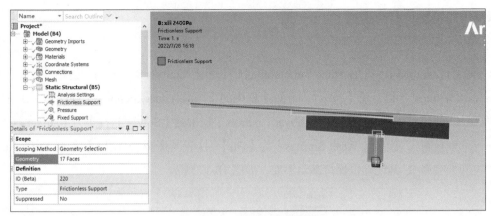

图10-19　设置边界条件2

（3）右击【Analysis Settings】，在弹出的快捷菜单中选择【Insert】→【Pressure】命令，在组件玻璃正面设置 2.4e-003MPa 的风压力荷载，如图 10-20 所示。

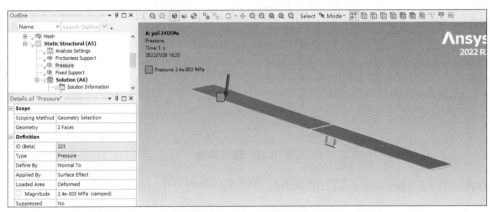

图10-20　荷载设置

（4）右击【Outline】中的【Solution（A6）】，在弹出的快捷菜单中选择【Solve】命令，或者单击工具栏中的【Solve】按钮，软件会进行求解，界面左下角会出现求解进度条。当进度条显示100% 时，求解完成。

10.6　后处理

（1）选择【Solution】中的【Deformation】→【Total】，或者右击【Solution（A6）】，在弹出的快捷菜单中选择【Insert】→【Deformation】→【Total】命令，【Solution（A6）】下方会出现【Total Deformation】选项，右击选择【Evaluate All Result】命令，再选择【Result】→【Edges】→【No WireFrame】选项，云图就不会显示网格，结果如图 10-21 所示。

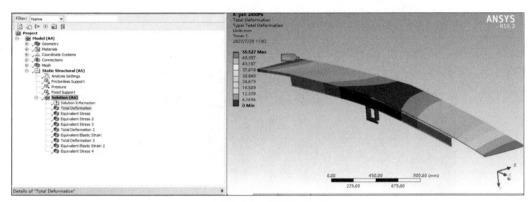

图10-21　总变形云图

（2）类似的，插入【Equivalent Stress】选项，结果如图 10-22 所示。

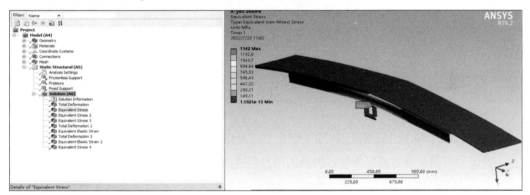

图10-22　等效应力云图

（3）对于比较关心的结构件，如檩条，可以在插入【Equivalent Stress】选项后，在【Geometry】中单独选中檩条，其应力云图如图 10-23 所示。

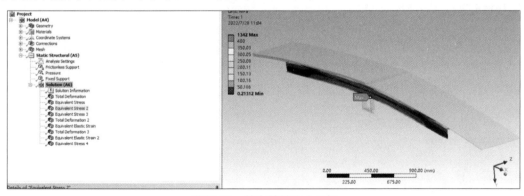

图10-23　檩条等效应力云图

（4）由于设置了摩擦 Frictional 这种允许脱开的非线性接触模型，因此可以看到结构在变形时会产生间隙，与实际情况更为接近。模拟的精度相比绑定 Bond 这种线性接触来说，计算精度更高，变形结果如图 10-24 所示。

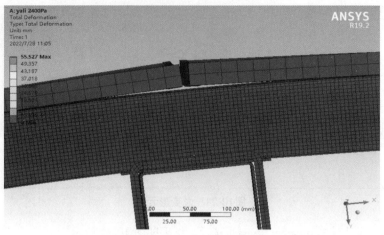

图10-24　组件与檩条脱开

⑩.7 保存与退出

（1）选择【File】→【Close Mechanical】命令，退出 Mechanical 分析界面，返回 ANSYS Workbench 主界面。此时主界面项目管理区中显示的分析项目栏后都显示为√，表示分析均已经完成。

（2）在 ANSYS Workbench 主界面单击工具栏中的保存按钮，保存包含分析结果的文件。单击右上角的 ×（关闭）按钮，退出 ANSYS Workbench 主界面，完成项目分析。

本章小结

本章讲解了光伏跟踪支架檩条的分析过程，建立了非线性接触模型，讲述了檩条强度和变形分析的基本流程、载荷和约束的加载方法，以及后处理等过程，读者可以以此理解和掌握非线性接触的知识。

第11章

电机铁心谐响应分析

　　谐响应分析主要研究结构在受到不同频率的周期性载荷（正弦规律）作用时的稳态响应，计算可以得到结构在某些频率载荷下的响应，如振动值，从而可以判断结构在该状态下能否稳定运行。

11.1 问题描述

电机在运行过程中，转子会产生一个旋转电磁场。旋转电磁场通过气隙与定子铁心后形成闭合回路，从而使得定子铁心齿部会受到一定频率的电磁激振力。如果铁心的固有频率接近电磁激振力的频率，就会造成破坏性的共振，因此需要计算定子铁心在该频率的电磁激振力作用下引起的振动。本章以某一电机的定子铁心为例进行谐响应分析，如图 11-1 所示，几何模型主要由铁心和支撑筋板等构成，支撑筋板用来连接铁心与机座，铁心齿头被简化，计算其在特定频率下的动态响应。

图11-1 铁心几何模型

11.2 启动Workbench并建立分析项目

ANSYS Workbench 中谐响应的分析方法有两种：完全法和模态叠加法。完全法使用完整矩阵，求解计算得到位移；模态叠加法在模态分析的基础上进行计算，利用得到的模态振型计算结构的响应。完全法容易使用，但是计算时间较久；模态叠加法要先进行模态求解，步骤复杂相对，但是求解速度较快。本章使用两种方法分别进行计算，最后对比相应的结果。计算中要考虑铁心重力的影响，因此应进行预应力的谐响应分析。如图 11-2 所示，建立分析流程，其中 A 分析项为几何模块，B 分析项为结构静力学模块，C 分析项与 D 分析项为模态叠加法的谐响应分析，E 分析项为完全法谐响应分析。

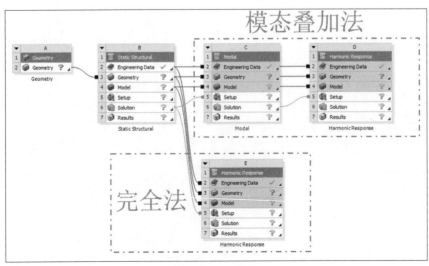

图11-2 分析流程

11.3 导入几何体与创建材料

（1）在 A2 栏中的【Geometry】上右击，在弹出的快捷菜单中选择【Import Geometry】→【Browse】命令，找到几何模型所在的文件夹，选择几何模型【core.x_t】。导入几何模型后，分析模块中 A2 栏【Geometry】后的?变为√，表明几何模型已导入。

（2）右击 A2 栏中的【Geometry】，在弹出的快捷菜单中选择【Edit Geometry in DesignModeler】命令，进入【DesignModeler】界面，在工具栏上单击【Generate】，生成几何模型，如图 11-3 所示。

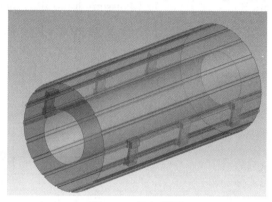

图11-3　几何模型

（3）按住 Ctrl 键，在【Tree Outline】→【2 Parts，11 Bodies】中选中除铁心以外的所有几何体，右击，在弹出的快捷菜单中选择【Form New Part】命令，生成一个新的【Part】（部件），实现几何体拓扑共享，后续减少接触对建立。

（4）选择【File】→【Close DesignModeler】命令，退出 DesignModeler 界面，返回 ANSYS Workbench 主界面。

（5）双击 B2 栏中的【Engineering Data】，进入材料参数设置界面，如图 11-4 所示。

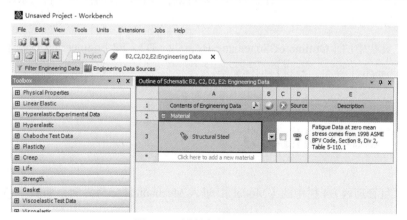

图11-4　材料参数设置界面

（6）选择【Outline of Schematic B2，C2，D2，E2：Engineering Data】→【Click here to add a new material】，输入新材料名称【core】。

（7）单击左侧工具栏【Physical Properties】前的 + 图标将其展开，鼠标双击【Density】，【Properties of Outline Row 3：core】框中会出现需要输入的【Density】值，在 B3 框中输入 8108。同上，单击左侧工具栏【Linear Elastic】前的 + 图标将其展开，双击【Orthotropic Elasticity】，在【Properties of Outline Row 3：core】框中依次输入【Young's Modulus X direction】为 1.9E+11，【Young's Modulus Y direction】为 1.9E+11，【Young's Modulus Z direction】为 5E+10，【Poisson's Ratio XY】为 0.2，【Poisson's Ratio YZ】为 0.1，【Poisson's Ratio ZX】为 0.1，【Shear Modulus XY】为 4.8E+10，【Shear Modulus YZ】为 4E+10，【Shear Modulus ZX】为 4E+10，其他保持默认，如图 11-5 所示。

Properties of Outline Row 3: core

	A	B	C	D	E
1	Property	Value	Unit		
2	Material Field Variables	Table			
3	Density	8108	kg m^-3		
4	Orthotropic Elasticity				
5	Young's Modulus X direction	1.9E+11	Pa		
6	Young's Modulus Y direction	1.9E+11	Pa		
7	Young's Modulus Z direction	5E+10	Pa		
8	Poisson's Ratio XY	0.2			
9	Poisson's Ratio YZ	0.1			
10	Poisson's Ratio XZ	0.1			
11	Shear Modulus XY	4.8E+10	Pa		
12	Shear Modulus YZ	4E+10	Pa		
13	Shear Modulus XZ	4E+10	Pa		

图11-5 设置材料参数

需要说明的是，此处铁心材料设置只对本案例有效，不同电机的铁心材料需求不一致，需要通过试验进行确定。

（8）单击工具栏中的【Outline of Schematic B2，C2，D2，E2:Engineering Data】关闭按钮，返回 ANSYS Workbench 主界面，新材料创建完毕。

11.4 材料赋予与网格划分

（1）双击项目管理区 B4 栏中的【Model】，进入 Mechanical 分析界面，如图 11-6 所示。

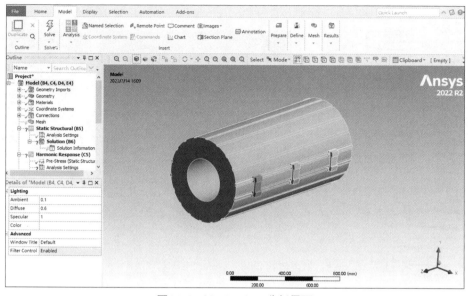

图11-6　Mechanical 分析界面

（2）将主菜单【Home】中的【Units】单位设置为【Metric（mm，kg，N，s，mV，mA）】。

（3）分配材料属性给几何模型。单击【Outline】中【Geometry】前的加号将其展开，选择铁心模型，在【Material】框中单击【Assignment】栏中的【Structural Steel】，选择【core】，其他保持默认，如图 11-7 所示。

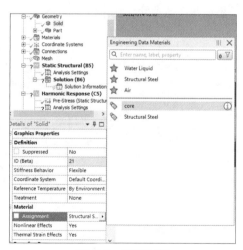

图11-7　赋予材料

（4）模型之间的接触保持默认不变。

（5）右击【Outline】中的【Mesh】，在弹出的快捷菜单中选择【Insert】→【Method】命令，添加网格划分方法。在工具栏中单击选择体命令按钮，选中铁心模型，在【Scope】框中单击【Geometry】后的【Apply】按钮，【Method】修改为【Sweep】；同样的步骤，添加体尺寸，在【Element Size】后输入 100mm，如图 11-8 所示。

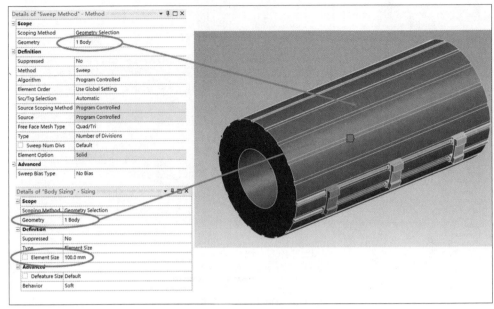

图11-8　设置网格1

（6）在工具栏中选择选择体命令，右击铁心模型，在弹出的快捷菜单中选择【Hide Body】命令，选择工具栏中的 Mode（选择模式），单击【Box Select】（框选），在图形窗口框选所有的几何体。右击，在弹出的快捷菜单中选择【Insert】→【Method】命令，将【Method】修改为【Hex Dominant】。采用同样的步骤，添加几何体尺寸，在【Element Size】后输入70mm，如图11-9所示。

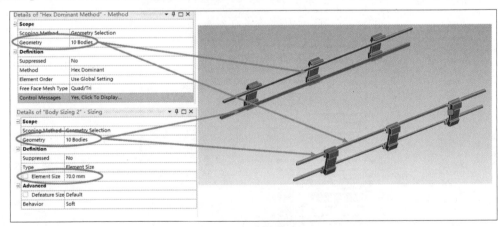

图11-9　设置网格2

（7）单击【Mesh】，在【Detail of "Mesh"】框中进行全局网格设置。将【Transition】修改为【Fast】（使单元之间能够平滑过渡），将【Span Angle Center】修改为【Medium】（用于定义曲面之间的网格细分角度），其他保持默认不变。右击【Mesh】，在弹出的快捷菜单中选择【Generate Mesh】命令，生成网格。最后在图形框中右击，在弹出的快捷菜单中选择【Show All Body】命令，显示所有模型，如图11-10所示。

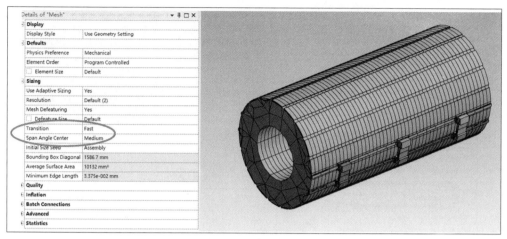

图11-10　网格划分

11.5　静力学分析设置

（1）设置边界条件。右击【Static Structural（B5）】，在弹出的快捷菜单中选择【Insert】→【Fixed Support】命令，选择工具栏中的 ⬚ Mode（选择模式），单击【Single Select】（单选），按住 Ctrl 键，选中左右每个支撑块的内部面，再单击【Apply】按钮，如图 11-11 所示。

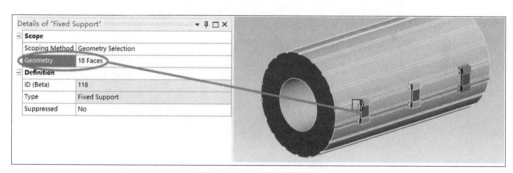

图11-11　设置边界条件

（2）施加载荷。考虑到铁心重力的影响，添加重力。右击【Static Structural（B5）】，在弹出的快捷菜单中选择【Insert】→【Acceleration】命令，将【Definition】框中的【Define By】修改为【Components】，在【Y Component】后输入 9806.6mm/s²，根据达朗贝尔原理，用来模拟结构受到一个向下的重力，如图 11-12 所示。

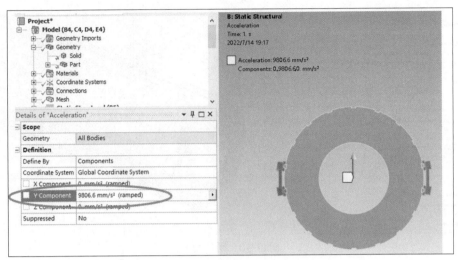

图11-12　施加载荷

（3）静力学求解。右击【Solution（B6）】，在弹出的快捷菜单中选择【Solve】命令，进行求解。当左下方的进度条到达 100% 后，求解完成，这样就完成了重力作用下整个结构的预应力计算。

（4）查看后处理结果。右击【Solution（B6）】，在弹出的快捷菜单中选择【Insert】→【Deformation】→【Total】命令，查看结构的整体变形云图，如图 11-13 所示。

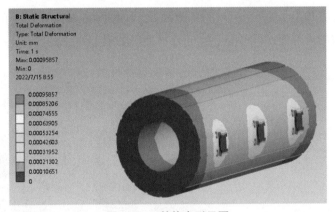

图11-13　整体变形云图

11.6　模态叠加法分析设置

11.6.1　模态计算

（1）【Outline】中【Pre-Stress（Static Structural）】的设置保持默认不变，此处表示静力学计算

的数据传递到模态计算中。

（2）选择【Analysis Settings】，将【Options】中的【Max Modes to Find】修改为 15，此处表示计算 15 阶模态。该电机的工作转速为 12000r/min，即一倍频为 200Hz，考虑到其为 4 级电机，因此应该重点关注 800Hz 附近的振动情况。设置【Limit Search to Range】为【Yes】，将【Range Minimum】和【Range Maximum】分别设置为 200Hz 和 1400Hz，即在 200~1400Hz 搜索结构的模态，其余保持默认不变，如图 11-14 所示。

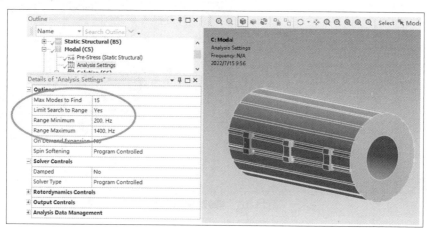

图11-14　变形云图

（3）由于静力学计算中已经定义了边界条件，因此模态分析时不需要再定义边界条件。右击【Outline】中的【Solution（C6）】，在弹出的快捷菜单中选择【Solve】命令，或者单击工具栏中的【Solve】按钮，进行求解计算。

（4）求解完成后，首先单击【Solution（C6）】，再依次单击工具栏中【Solution】下的【Graph】和【Tabular Data】，图形框下方就会出现图标，如图 11-15 所示。

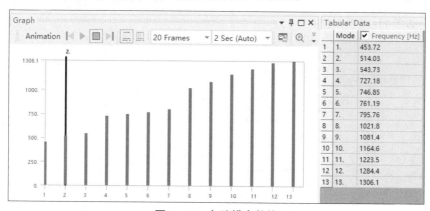

图11-15　各阶模态数值

（5）结果后处理。右击【Solution(C6)】，在弹出的快捷菜单中选择【Insert】→【Deformation】→【Total】命令，将【Deformation】框中的【Mode】修改为 9，即查看第 9 阶模态。右击

【Solution（C6）】，在弹出的快捷菜单中选择【Evaluate All Result】，计算完成后将显示倍数修改到 140 倍。查看其振型，如图 11-16 所示，可以发现其第 9 阶模态为椭圆振型。

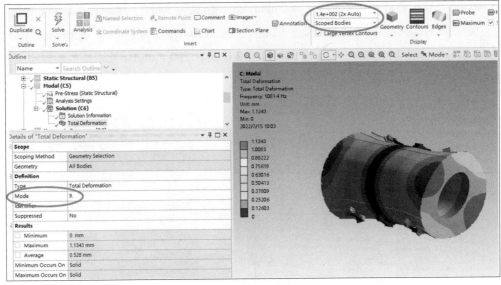

图11-16　第9阶模态振型

11.6.2　谐响应分析设置

（1）选择【Harmonic Response（D5）】→【Analysis Settings】，在【Details of "Analisis Settings"】框中设置扫频范围与扫频次数，将【Range Minimum】设置为 500Hz，将【Range Maximum】设置为 1000Hz，将【Solution Intervals】为 100，这代表在 500~1000Hz 等分 100 份进行扫频。其中，【Solution Method】自动设置为【Mode Superposition】，代表使用模态叠加法进行求解，其他设置保持默认不变，如图 11-17 所示。

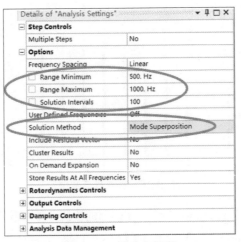

图11-17　谐响应设置

（2）边界条件之前已经在静力学分析中定义，这里定义载荷。右击【Solution（D6）】，在弹出的快捷菜单中选择【Insert】→【Force】命令，选择工具栏中的面选择命令，选中铁心内表面，再单击【Details of Force】列表中【Geometry】后面的【Apply】，将【Define By】设置为【Components】，在【Y Component】后输入 1000N，相位角（Phase Angle）为 0，如图 11-18 所示。

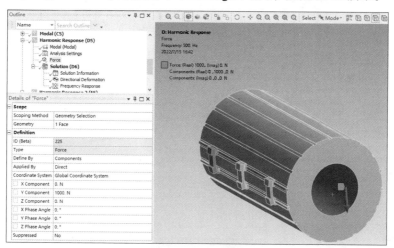

图11-18　设置载荷

（3）右击【Solution（D6）】，在弹出的快捷菜单中选择【Slove】命令，进行求解。当左下方求解进度条到 100% 后，表示求解完成。

（4）谐响应分析后处理。右击【Coordinate Systems】，在弹出的快捷菜单中选择【Insert】→【Coordinate System】命令，将【Details of "Coordinate System"】框中的【Type】修改为【Cylindrical】，单击【Geometry】后的【Click to Change】按钮，选择工具栏中的选择体命令，选中铁心，再单击【Geometry】后的【Apply】按钮，其他设置保持不变，完成柱坐标的设置，如图 11-19 所示。

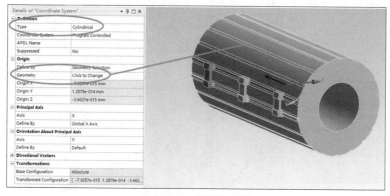

图11-19　设置柱坐标

（5）右击【Solution（D6）】，在弹出的快捷菜单中选择【Insert】→【Frequency Response】→【Deformation】命令，在【Details of "Frequency Response"】框中的【Geometry】后选中铁心几何体，设置【Spatial Resolution】为【Use Maximum】；再将【Coordinate System】修改为【Coordinate

System】，查看铁心的频率响应图；再右击【Solution（D6）】，在弹出的快捷菜单中选择【Evaluate All Results】命令，得到铁心径向方向的位移频率响应，如图 11-20 所示。图 11-20 中，图框上部为铁心径向位移的扫频结果，下部为相位的扫频结果。从图左下方【Results】框中可以发现，在 545Hz 的频率下，铁心受到的径向变形最大，为 9.6863e-003mm，相位为 0°。

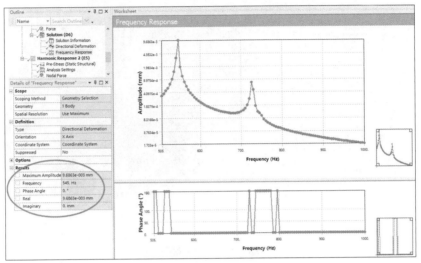

图11-20　径向位移频率响应

（6）右击【Solution（D6）】，在弹出的快捷菜单中选择【Insert】→【Deformation】→【Directional】命令，选择【Geometry】为铁心几何体，修改【Frequency】为 545Hz，【Coordinate System】为【Coordinate System】，其他设置保持不变。右击【Solution（D6）】，在弹出的快捷菜单中选择"Evaluate All Results"命令，得到扫频图中对应的最大振幅下的频率的变形云图，可以发现为 9.6863e-003mm，和扫频下的结果一样，如图 11-21 所示。

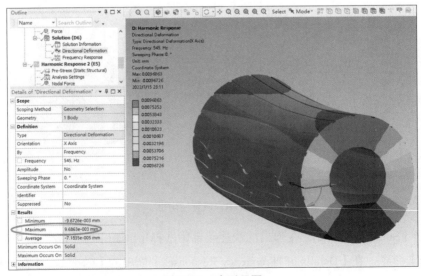

图11-21　变形云图

（7）右击【Solution（D6）】，在弹出的快捷菜单中选择【Insert】→【Stress】→【Equivalent（von-Mises）】命令，在【Details of "Equivalent Stress"】框中设置【Frequency】为 545Hz 后进行求解，图形框中显示等效应力云图，如图 11-22 所示。

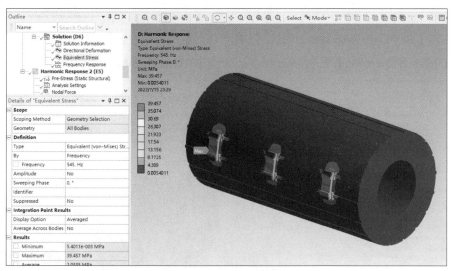

图11-22　等效应力云图

11.7　完全法分析设置

（1）由于之前的分析流程已经搭建好，单击【Harmonic Response 2（E5）】前的加号将其展开，【Outline】中【Pre-Stress（Static Structural）】的设置保持默认不变，重力作为预应力进行考虑计算。

（2）选择【Harmonic Response（E5）】→【Analysis Settings】，在【Detail of "Analysis Settings" 框】中设置扫频范围与扫频次数，将【Range Minimum】设置为 500Hz，将【Range Maximum】设置为 1000Hz，将【Solution Intervals】设置为 100，【Solution Method】自动设置为【Full】，代表使用完全法进行求解，其他设置保持默认不变，如图 11-23 所示。

（3）由于预应力下的谐响应分析下的载荷形式只能是节点载荷，因此要先定义节点集。选择工具栏中的选择面命令，选中铁心的内表面后右击，在弹出的菜单中选择【Create Named Selection】命令，命名保

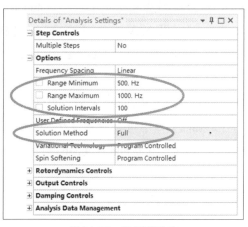

图11-23　设置谐响应

持默认，为【Selection】，单击【OK】按钮。

（4）在【Outline】中展开【Named Selections】，右击步骤（3）定义的【Selection】，在弹出的快捷菜单中选择【Create Nodal Named Selection】命令，生成【Selection 2】节点集，完成节点集的创建。

（5）右击【Harmonic Response 2（E5）】，在弹出的快捷菜单中选择【Insert】→【Nodal Force】命令，设置【Named Selection】为【Selection 2】，设置【Y Component】为1000N，如图11-24所示。

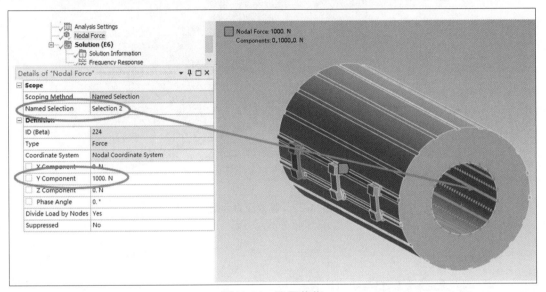

图11-24　设置载荷

（6）右击【Solution（E6）】，在弹出的快捷菜单中选择【Slove】命令，进行求解。当左下方求解进度条到100%后，表示求解完成。

（7）完全法谐响应后处理。对比模态叠加法谐响应计算，可以很明显地感受到完全法计算的时间要长很多。计算完成后，右击【Solution（E6）】，在弹出的快捷菜单中选择【Insert】→【Frequency Response】→【Deformation】命令，在【Details of "Frequency Response"】框中的【Geometry】后选择铁心几何体，设置【Spatial Resolution】为【Use Maximum】；再将【Coordinate System】修改为【Coordinate System】，查看铁心的频率响应；再右击【Solution（E6）】，在弹出的快捷菜单中选择【Evaluate All Results】命令，得到铁心径向方向的位移响应，如图11-25所示。从图11-25左下方【Results】框中可以发现，在545Hz频率下，铁心受到的径向变形最大，为9.7127e-003mm（模态叠加法计算得到的为9.6863e-003mm），相位接近0°，可以发现完全法计算得到的结果与模态叠加法的谐响应计算结果几乎一样。

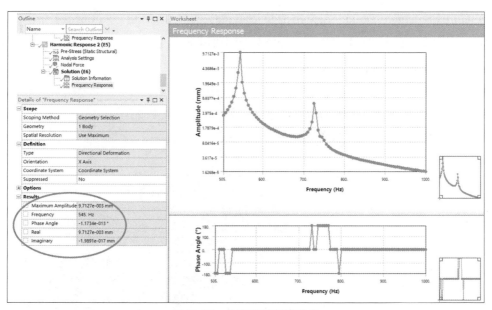

图11-25　径向位移频率响应

（8）同样的，右击【Solution（E6）】，在弹出的快捷菜单中选择【Insert】→【Deformation】→【Directional】命令，在【Geometry】后选择铁心几何体，修改【Frequency】为545Hz，【Coordinate System】命令修改为【Coordinate System】，其他设置保持不变。右击【Solution（E6）】，在弹出的快捷菜单中选择【Evaluate All Results】命令，得到扫频图中对应的最大振幅下的频率的变形云图，可以发现为 9.7127e-003mm，如图 11-26 所示。

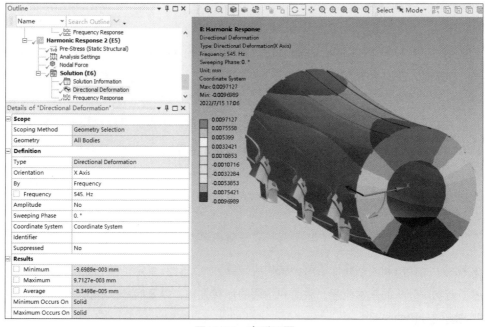

图11-26　变形云图

（9）右击【Solution（D6）】，在弹出的快捷菜单中选择【Insert】→【Stress】→【Equivalent（von-Mises）】命令，在【Detail of"Equivalent Stress"】框中设置【Frequency】为 545Hz，进行求解，图形框中显示等效应力云图，如图 11-27 所示。

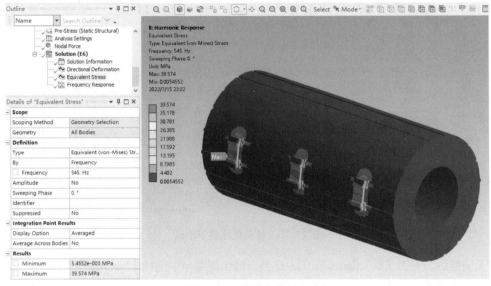

图11-27　等效应力云图

11.8 保存与退出

（1）选择【File】→【Close Mechanical】命令，退出 Mechanical 分析界面，返回 ANSYS Workbench 主界面。此时主界面项目管理区中显示的分析项目栏后都显示为√，表示分析均已经完成。

（2）在 ANSYS Workbench 主界面单击工具栏中的【保存】按钮，保存包含分析结果的文件。单击右上角的 ×（关闭）按钮，退出 ANSYS Workbench 主界面，完成项目分析。

本章小结

本章采用了完全法和模态叠加法两种谐响应计算方式，计算了定子铁心在不同频率下的动态响应，讲述了谐响应分析的基本流程、载荷和约束的加载方法，以及后处理等过程，读者可以以此理解和掌握谐响应分析的知识。

第 12 章
矿用机架地震响应谱分析

地震是严重威胁煤矿设备可靠运行的自然灾害之一，一旦在地震中煤矿设备发生破坏，后果不堪设想。响应谱分析是一种将模态分析的结果与一个已知的频谱联系起来计算模型的位移和应力的分析技术，通过响应谱分析可以得到煤矿设备对地震波的动力响应情况。

12.1 问题描述

如图 12-1 所示的机架几何模型是由多块钢板焊接组成的结构，其主要用于承载其他矿用设备，通过地脚螺栓与地面进行固定连接。试分析其在加速度地震载荷下的变形与应力情况。

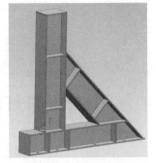

图12-1 机架几何模型

12.2 导入几何体

（1）启动 ANSYS Workbench 2022 R2，进入主界面。

（2）响应谱分析的第一步是模态分析，因此首先拖动或者双击主界面工具箱【Toolbox】栏中【Analysis Systems】板块下的模态分析项目【Modal】到右侧【Project Schematic】框中；然后拖动响应谱分析项目【Response Spectrum】到右侧不放，当鼠标指针落在模态分析项目的 A6 栏【Solution】上后放开，搭建好响应谱分析流程框架，如图 12-2 所示。

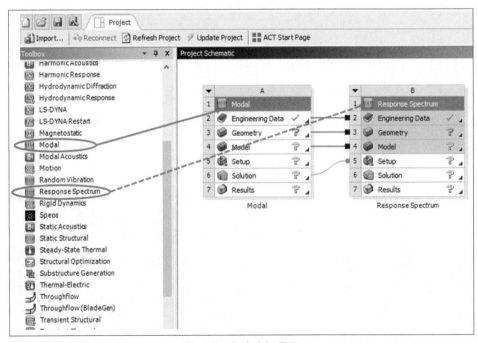

图12-2 创建分析项目

（3）在 A3 栏中的【Geometry】上右击，在弹出的快捷菜单中选择【Import Geometry】→【Browse】命令，找到几何模型所在的文件夹，选择几何模型【jijia.x_t】。导入几何模型后，分析模块中 A3 栏【Geometry】后的?变为√，表明几何模型已导入。

（4）右击 A3 栏中的【Geometry】，在弹出的快捷菜单中选择【Edit Geometry in DesignModeler】命令，进入【DesignModeler】界面，在工具栏中单击【Generate】，生成几何模型，如图 12-3 所示。

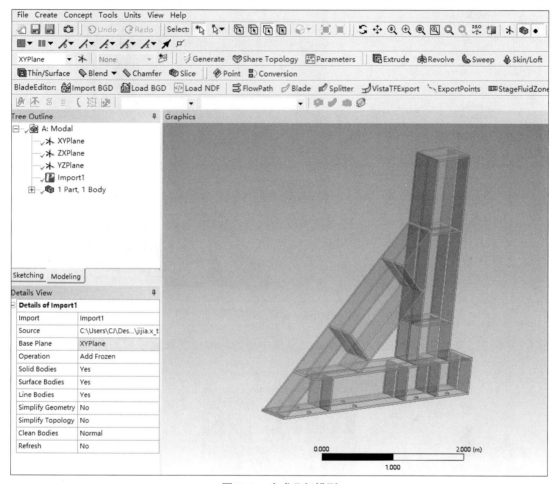

图12-3　生成几何模型

（5）在主菜单【Units】中选择【Millimeter】，单击工具栏中的缩放图标，使几何模型缩放到合适大小。

（6）机架每块钢板厚度方向的尺寸相对其他两个方向要小很多，可以考虑抽取中面，用壳单元进行模拟计算。选择工具栏中的【Tools】→【Midsurface】（抽中面），这里采取自动抽取中面的方法，在【Derail View】框中修改【Selection Method】为【Automatic】，设置【Minimum Threshold】为20mm，设置【Maximum Threshold】为35mm，即自动搜索厚度为20~35mm的钢板；再将【Find Face Pairs Now】修改为【Yes】，系统就会自动搜索出相应的面，并在【Face Pairs】上完成选择，这时【Find Face Pairs Now】会依旧变回【No】，其他设置保持默认不变，如图 12-4 所示。

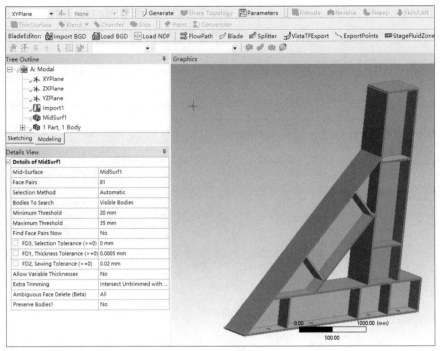

图12-4　设置抽取中面

（7）单击工具栏中的【Generate】按钮，完成中面的抽取。抽取完成后的几何模型如图 12-5 所示。

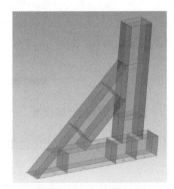

图12-5　几何模型

（8）单击 DesignModeler 界面右上角的 ×（关闭）按钮，退出 DesignModeler 界面，返回 ANSYS Workbench 主界面。

12.3　添加模型材料参数

（1）双击 A2 栏中的【Engineering Data】，进入材料参数设置界面，如图 12-6 所示。

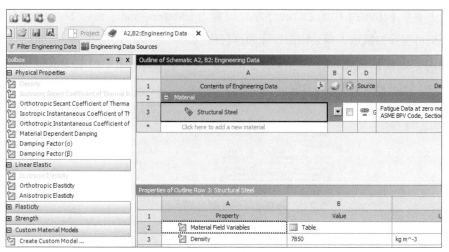

图12-6　材料参数设置界面

（2）矿用机架的材料主要是 Q235 碳素结构钢，而 ANSYS Workbench 默认的材料为 Structural Steel（结构钢），因此本案例中不需要添加新材料。

（3）单击工具栏中【A2，B2：Engineering Data】中的 × 按钮，返回 ANSYS Workbench 主界面。

12.4　网格划分

（1）双击工具栏中的【A4：Model】，进入 Mechanical 分析界面，如图 12-7 所示。

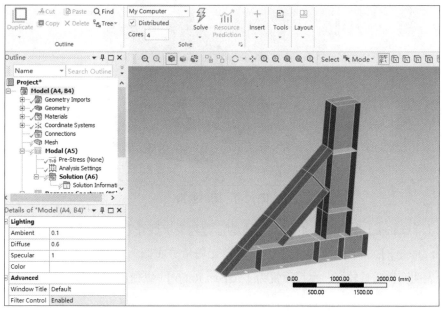

图12-7　Mechanical 分析界面

（2）将主菜单【Home】中的【Units】单位设置为【Metric（mm，ton，N，s，mV，mA）】。

（3）机架材料保持默认，即结构钢，无须进行修改。

（4）单击【Mesh】，在【Detail of "Mesh"】框中，设置【Defaults】中的【Element Size】为 30mm，【Quality】中的【Smoothing】为【High】，如图 12-8 所示。

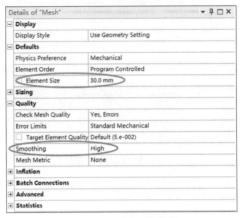

图12-8　设置网格参数

（5）右击【Mesh】，在弹出的快捷菜单中选择【Generate Mesh】命令，左下方底部会出现网格划分的进程。最终的网格效果如图 12-9 所示。

图12-9　网格效果

（6）右击【Outline】中的【Mesh】，在下方的参数列表中展开【Quality】栏，设置【Mesh Metric】为【Element Quality】，右侧图形区域下方出现单元质量分布图，如图 12-10 所示，单元质量都在0.90 以上，表明网格质量较好；也可设置为【Aspect Ratio】（纵横比）等选项，总体度量网格。

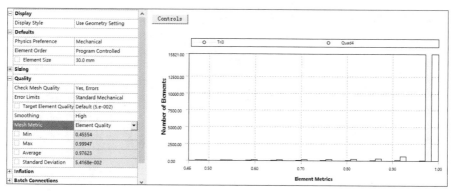

图12-10　质量网格质量

12.5　模态分析设置

（1）设置边界条件。机架通过地脚螺栓固定在地面，约束底板上的孔。首先选择工具栏中的线选择命令，任意选中其中一个底板上孔的边；然后右击，在弹出的快捷菜单中选择【Create Named Selection】命令，将其命名为【fix】；再选中【Size】复选框，单击【OK】按钮，完成线集合的定义，如图 12-11 所示。

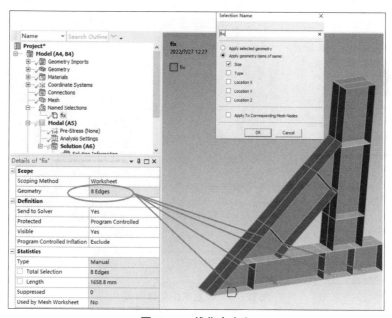

图12-11　线集合定义

（2）右击【Outline】中的【Modal（A5）】，在弹出的快捷菜单中选择【Insert】→【Fixed Support】命令，修改【Scope】中的【Scoping Method】为【Named Selection】，将【Named Selection】设置

为步骤（1）定义的线集合【fix】，如图 12-12 所示。

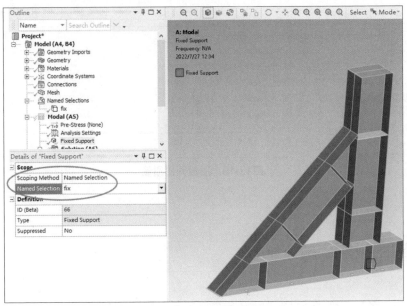

图12-12 设置边界条件

（3）设置求解模态阶数。修改【Modal（A5）】→【Analysis Setting】→【Options】→【Max Modes to Find】后面为 100，其他保持默认设置不变，如图 12-13 所示。

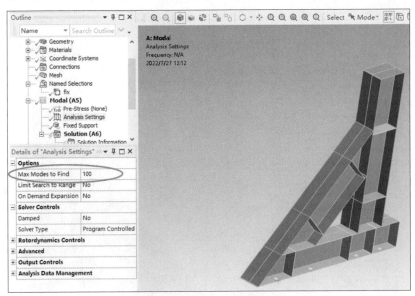

图12-13 设置求解模态阶数

（4）右击【Outline】中的【Solution（A6）】，在弹出的快捷菜单中选择【Solve】命令，或者单击工具栏中的【Solve】按钮，进行求解计算。

（5）求解完成后，先单击【Solution（A6）】，再依次单击工具栏中【Solution】下的【Graph】

和【Tabular Data】，图形框下方就会出现相应图框，上面有求解出来的各阶模态值，如图 12-14 所示。

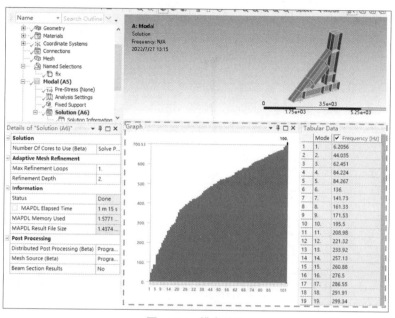

图12-14　模态结果

（6）模态分析后处理。右击【Solution（A6）】，在弹出的快捷菜单中选择【Insert】→【Deformation】→【Total】命令，将【Detail of "Total Deformation"】中的【Mode】修改为 1，即查看第一阶模态振型，如图 12-15 所示。可以单击【Graph】上的播放按钮，能够更加容易地判断出一阶模态振型为左右摇摆。

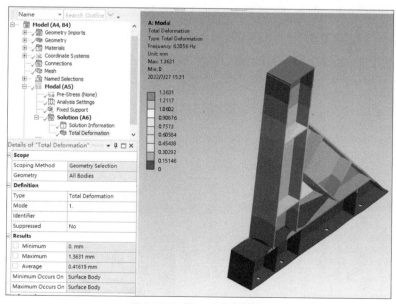

图12-15　第一阶模态振型

（7）在响应谱分析中，模态分析有效质量与总质量之比直接影响求解精度，一般要求该系数达到 0.85 以上，这里主要关心 Z 方向上的响应,，单击【Solution Information】，查看 Z 方向上有效质量的占比，如图 12-16 所示。

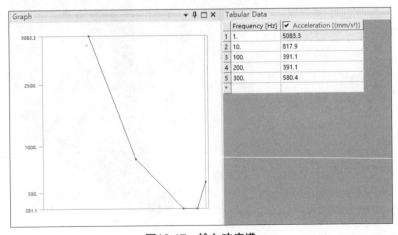

图12-16　有效质量占比

12.6　响应谱分析设置

（1）设置响应谱。右击【Outline】中的【Response Spectrum（B5）】，在弹出的快捷菜单中选择【Insert】→【RS Acceleration】命令，设置【Scope】中的【Boundary Condition】为【All Supports】，在【Definition】→【Load Data】→【Tabular Data】表中依次输入图 12-17 所示的数据，设置【Definition】中的【Direction】为【Z Axis】，其他保持默认不变，如图 12-18 所示。

	Frequency [Hz]	✓ Acceleration [(mm/s²)]
1	1.	5083.3
2	10.	817.9
3	100.	391.1
4	200.	391.1
5	300.	580.4
*		

图12-17　输入响应谱

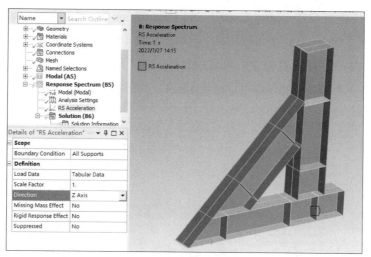

图12-18　设置响应谱

（2）求解设置。选择【Response Spectrum（B5）】→【Analysis Settings】，在【Detail of "Analisis Setting"】框中，设置【Options】中的【Modes Combination Type】为【CQC】，设置【Damping Controls】中的【Damping Ratio】为 0.01，其他保持默认不变，如图 12-19 所示。

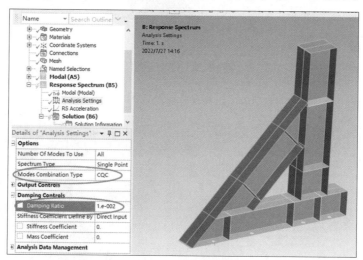

图12-19　求解设置

（3）右击【Solution（B6）】，在弹出的快捷菜单中选择【Slove】命令，进行求解。当左下方求解进度条到 100% 后，表示求解完成。

12.7　后处理

（1）选择主菜单【Solution（B6）】中的【Deformation】→【Directional】，或者右击【Solution】

（B6），在弹出的快捷菜单中选择【Insert】→【Deformation】→【Directional】命令，【Solution（B6）】下方会出现【Directional Deformation】选项，设置【Definition】中的【Orientation】为【Z Axis】，查看 Z 方向的位移；右击【Evaluate All Result】，再选择【Result】→【Edges】→【No WireFrame】选项，云图就不会显示网格，结果如图 12-20 所示。

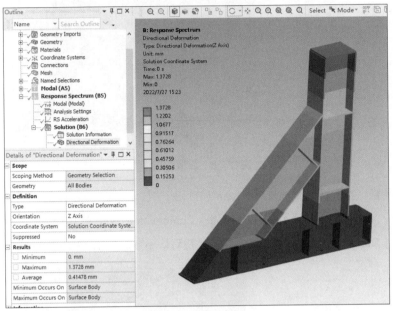

图12-20　位移云图

（2）类似的，插入【Equivalent Stress】选项，结果如图 12-21 所示。

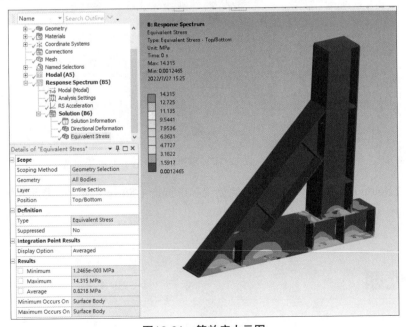

图12-21　等效应力云图

(12.8) 保存与退出

（1）选择【File】→【Close Mechanical】命令，退出 Mechanical 分析界面，返回 ANSYS Workbench 主界面。此时主界面项目管理区中显示的分析项目栏后都显示为√，表示分析均已经完成。

（2）在 ANSYS Workbench 主界面单击工具栏中的保存按钮，保存包含分析结果的文件。单击右上角的 ×（关闭）按钮，退出 ANSYS Workbench 主界面，完成项目分析。

本章小结

本章讲解了矿用机架地震响应谱分析流程，首先对矿用机架进行了模态分析，在此基础上进行了响应谱分析，使读者能够理解和掌握响应谱分析的步骤、载荷、约束、求解设置，以及后处理等方法。

第 13 章

光缆部件温度场分析

　　热分析主要用于计算一个系统或部件的温度分布及热通量、热梯度等热物理参数。目前许多工程项目中已经使用到了热分析，如电池热分析、电子元器件温度分析等。热分析中主要有热传导、热对流和热辐射 3 种传热方式。

13.1 问题描述

光缆可以用来传递信号和进行设备的状态监测，但在实际使用过程中，需要关注其温度情况，防止因为温度过高而导致光缆失效。如图 13-1 所示的几何结构，其用于某一运输机的位姿监测，现分析其工作状态下的温度场分布。

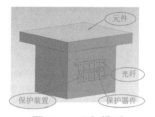

图13-1　几何模型

13.2 导入几何体

（1）启动 ANSYS Workbench 2022 R2，进入主界面。

（2）拖动或者双击主界面工具箱【Toolbox】栏中【Analysis Systems】板块下的稳态热力学分析项目【Steady-State Thermal】到右侧【Project Schematic】框中，出现稳态热力学分析流程框架，如图 13-2 所示。

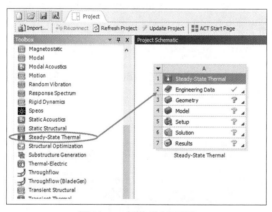

图13-2　创建分析项目

（3）单击 A3 栏中的【Geometry】，右侧出现【Properties of Schematic A3：Geometry】栏，在 A3 栏中的【Geometry】上右击，在弹出的快捷菜单中选择【Import Geometry】→【Browse】命令，找到几何模型所在的文件夹，选择几何模型【guangqian.x_t】。导入几何模型后，分析模块中 A3 栏【Geometry】后的?变为√，表明几何模型已导入。

13.3 添加模型材料参数

（1）双击 A2 栏中的【Engineering Data】，进入材料参数设置界面，如图 13-3 所示。

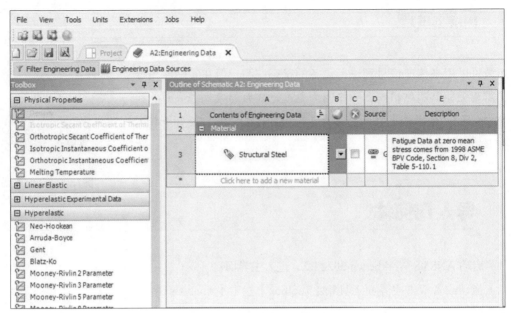

图13-3　材料参数设置界面

（2）单击【Outline of Schematic A2：Engineering Data】→【Click here to add a new material】，
输入新材料名称【guangqian】。

（3）由于是稳态计算，因此只需要输入材料的热导率即可。单击左侧工具栏【Thermal】前
的 + 图标将其展开，双击【Isotropic Thermal Conductivity】（各向同性热导率），在【Properties of
Outline Row 3：guangqian】框中修改 C3 的单位为【Wm^-1·K^-1】，设置【Isotropic Thermal
Conductivity】值为 1.4，如图 13-4 所示。

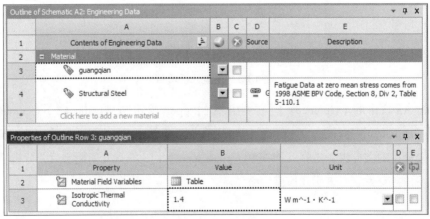

图13-4　设置材料1

（4）执行上述相同的步骤，创建新材料名称【yuanjian】，设置【Isotropic Thermal Conductivity】
值为 51.05，如图 13-5 所示。

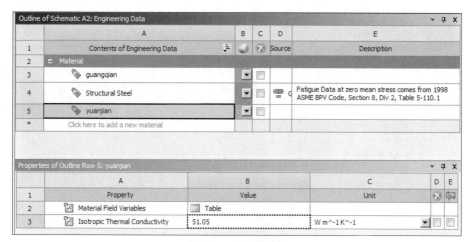

图13-5　设置材料2

（5）执行上述相同的步骤，创建新材料名称【rubber】，设置【Isotropic Thermal Conductivity】值为 0.16，如图 13-6 所示。

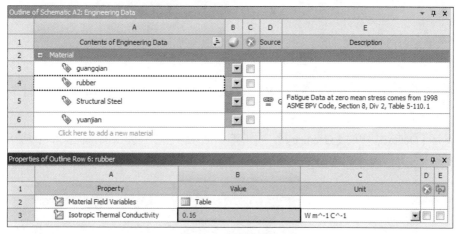

图13-6　设置材料3

（6）单击工具栏中【A2：Engineering Data】中的 × 按钮，返回 ANSYS Workbench 主界面，材料创建完成。

13.4　材料赋予和接触设置

（1）双击工具栏中的【A4：Model】，进入 Mechanical 分析界面，如图 13-7 所示。

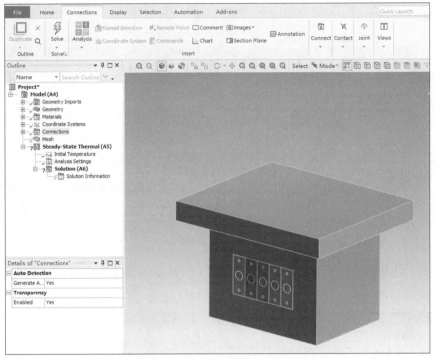

图13-7　Mechanical分析界面

（2）将主菜单【Home】中的【Units】单位设置为【Metric（mm,t,N,s,mV,mA）】,【Temperature】设置为【Celsius】。

（3）展开【Outline】中的【Geometry】，右击第一个几何体，在弹出的快捷菜单中选择【Rename】命令，将其命名为【元件1】。依次更改几何体的名称，结果如图 13-8 所示。

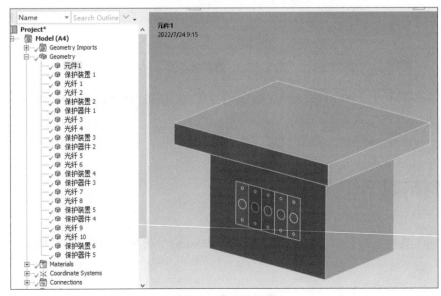

图13-8　命名几何体

（4）按住 Ctrl 键，依次选择【元件 1】和所有的保护器件，赋予材料【yuanjian】，如图 13-9 所示。

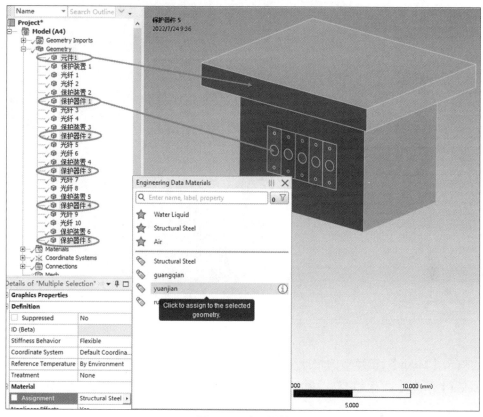

图13-9　赋予材料

（5）同样的，选择 10 个光纤几何体，赋予材料【guangqian】；选择所有的保护装置，赋予材料【rubber】。

（6）热分析中接触域自动生成，用于激活各部件间的热传导，这里保持默认不变，不进行更改。

13.5　网格划分

（1）网格划分。右击【Mesh】，在弹出的快捷菜单中选择【Insert】→【Method】命令，添加网格划分方法。在【Scope】框中单击【Geometry】后【No Selection】，选择工具栏中的选择体命令，选中工具栏中的【Box Select】框选），框选所有几何体，单击【Apply】按钮，修改【Definition】中的【Method】为【MultiZone】，其他设置保持不变，如图 13-10 所示。

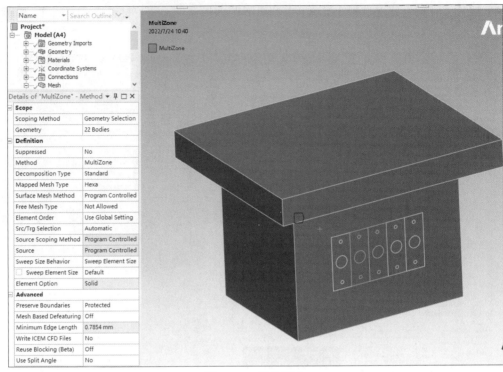

图13-10　网格划分

（2）右击【Mesh】，在弹出的快捷菜单中选择【Insert】→【Sizing】命令，选择工具栏中的【Single Select】（单选），按住 Ctrl 键，依次选中光纤一侧的 10 个面，设置【Element Size】为 0.05mm，如图 13-11 所示。

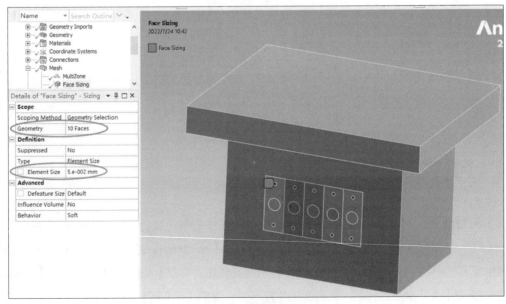

图13-11　设置网格尺寸1

（3）类似的，选中模型中间的 10 个面，设置【Element Size】为 0.15mm，如图 13-12 所示。

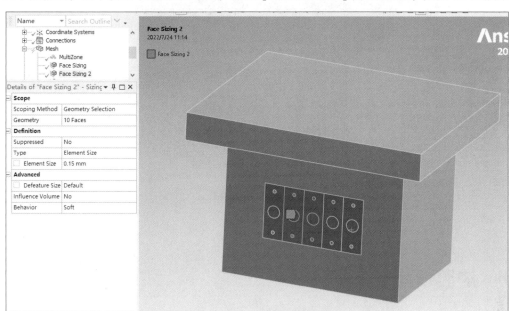

图13-12　设置网格尺寸2

（4）类似的，选中模型一侧的上下两个面，设置【Element Size】为 0.5mm，如图 13-13 所示。

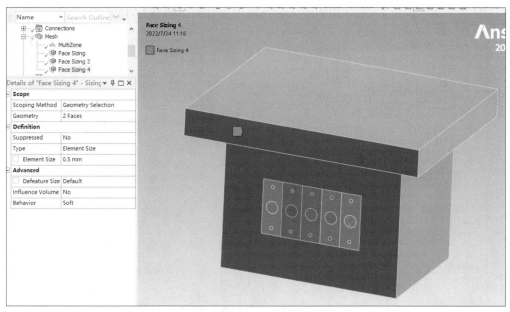

图13-13　设置网格尺寸3

（5）右击【Mesh】，在弹出的快捷菜单中选择【Generate Mesh】命令，右侧图形区域生成网格模型，效果如图 13-14 所示。

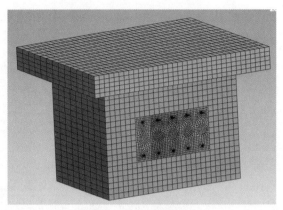

图13-14　网格效果

13.6 边界载荷与求解设置

（1）设置热源。右击【Steady-State Thermal（A5）】，在弹出的快捷菜单中选择【Insert】→【Temperature】命令，选择工具栏中的选择体命令，选中几何体元件1，单击【Geometry】后的【Apply】按钮，设置【Definition】中的【Magnitude】为50℃，如图13-15所示。

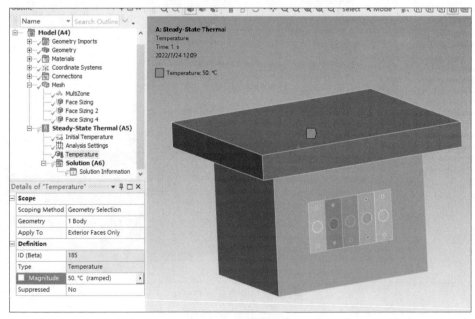

图13-15　设置热源

（2）设置对流传热方式。右击【Steady-State Thermal（A5）】，在弹出的快捷菜单中选择【Insert】→【Convection】命令，选择工具栏中的选择面命令，选中保护装置1的底面，单击【Geometry】后的

【Apply】按钮，设置【Definition】中的【Film Coefficient】为 1.8e-5，其他设置保持默认不变，如图 13-16 所示。

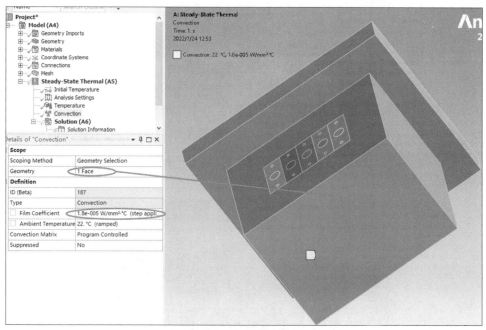

图13-16 设置对流传热方式

（3）设置辐射传热方式。右击【Steady-State Thermal（A5）】，在弹出的快捷菜单中选择【Insert】→【Radiation】命令，选中保护装置 1 的左右两个侧面，单击【Geometry】后的【Apply】按钮，设置【Definition】中的【Emissivity】为 0.5，其他设置保持默认不变，如图 13-17 所示。

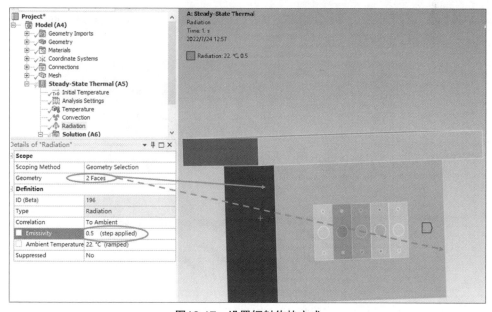

图13-17 设置辐射传热方式

（4）右击【Outline】中的【Solution（A6）】，在弹出的快捷菜单中选择【Solve】命令，或者单击工具栏中的【Solve】按钮，当进度条显示 100% 时，求解完成。

13.7 后处理

（1）选择主菜单【Solution（A6）】中的【Insert】→【Thermal】→【Temperature】，查看系统的温度场分布情况。右击【Temperature】，在弹出的快捷菜单中选择【Evaluate All Result】命令，进行结果求解。选择【Result】→【Edges】→【No Wireframe】选项，云图就不会显示网格，结果如图 13-18 所示。

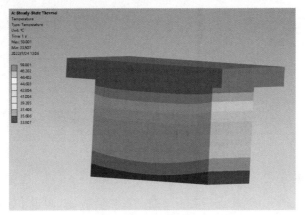

图13-18　温度分布云图

（2）单独查看光纤的温度分布。同步骤（1），插入【Temperature】，修改【Geometry】为 10 个光纤几何体，最终结果如图 13-19 所示。

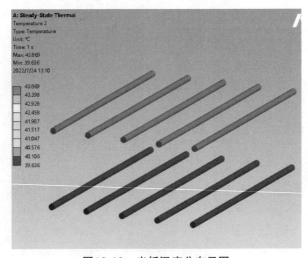

图13-19　光纤温度分布云图

13.8　保存与退出

（1）选择【File】→【Close Mechanical】命令，退出 Mechanical 分析界面，返回 ANSYS Workbench 主界面。此时主界面项目管理区中显示的分析项目栏后都显示为√，表示分析均已经完成。

（2）在 ANSYS Workbench 主界面单击工具栏中的保存按钮，保存包含分析结果的文件。单击右上角的 ×（关闭）按钮，退出 ANSYS Workbench 主界面，完成项目分析。

本章小结

本章讲解了光缆部件温度场的分析过程。通过此案例，读者可以理解热力学分析的基本操作，掌握热力学计算的载荷施加、边界条件和后处理显示等步骤。

第 14 章

二维齿轮动态分析

　　Workbench 自带的瞬态动力学模块，主要用来分析载荷随时间变化的结构动力学响应，用以确定结构在稳定载荷、瞬态载荷和简谐载荷的随意组合下随时间变化的位移、应变及力。

14.1 问题描述

齿轮在传动过程中，齿头部位受到较大的应力，容易发生破坏。考虑到齿轮在转动过程中主要受到扭矩作用，轴向方向受力不大，同时摩擦接触分析收敛性难，三维模型计算量巨大，因此采用二维平面应力的方法对齿轮传动过程进行动力学分析。其几何模型如图 14-1 所示。

图14-1 几何模型

14.2 导入几何体

（1）启动 ANSYS Workbench 2022 R2，进入主界面。

（2）拖动或者双击主界面工具箱【Toolbox】栏中【Analysis Systems】板块下的结构动力学分析项目【Transient Structural】到右侧【Project Schematic】框中，出现瞬态动力学分析流程框架，如图 14-2 所示。

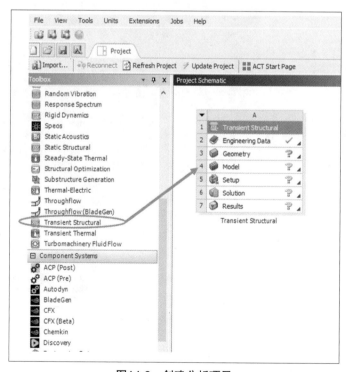

图14-2 创建分析项目

（3）单击 A3 栏中的【Geometry】，右侧出现【Properties of Schematic A3：Geometry】栏，修改【Advanced Geometry Options】中的【Analysis Type】为 2D，在 A3 栏的【Geometry】上右击，在弹出的快捷菜单中选择【Import Geometry】→【Browse】命令，找到几何模型所在的文件夹，选择几何模型【gear.x_t】。导入几何模型后，分析模块中 A3 栏【Geometry】后的?变为√，表明几何模型已导入。

（4）齿轮材料为结构钢，保持默认，不需要再定义材料。

14.3 接触设置

（1）双击项目管理区中 A4 栏中的【Model】，进入 Mechanical 分析界面，如图 14-3 所示。

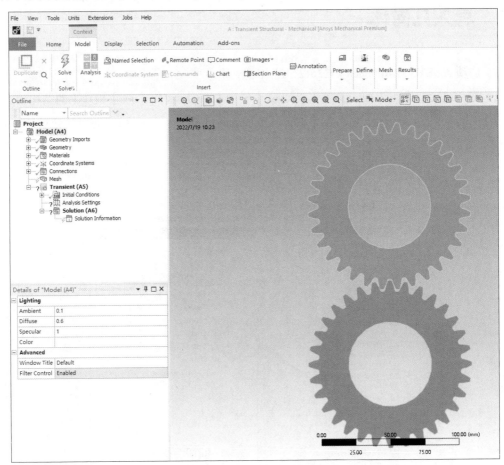

图14-3 Mechanical 分析界面

（2）将主菜单【Home】中的【Units】单位设置为【Metric（mm，t，N，s，mV，mA）】。

（3）采用平面应力的计算方法，定义厚度尺寸。展开【Outline】中的【Geometry】，选择

【Part 1】，设置【Definition】中的【Thickness】为 20mm；同样的，定义【Part 2】的【Thickness】为 20mm，如图 14-4 所示。

（4）齿轮材料默认结构钢，无须更改，保持默认不变。

（5）右击【Part 2】，在弹出的快捷菜单中选择【Hide Body】命令，隐藏下方的齿轮。选择工具栏中的线选择命令，再单击选择模式，选择【Box Select】，选中图形窗口中的所有线；再单击选择模式，选择【Single Select】，按住 Ctrl 键，单击齿轮内圆，取消这条线的选择。右击，在弹出的快捷菜单中选择【Create Selection Name】命令，将其命名为【shang_jiecu】，单击【OK】按钮，完成线子集的定义。

（6）采用同样的步骤，隐藏【Part 1】，定义线子集【xia_jiecu】，如图 14-5 所示。

图14-4　定义厚度

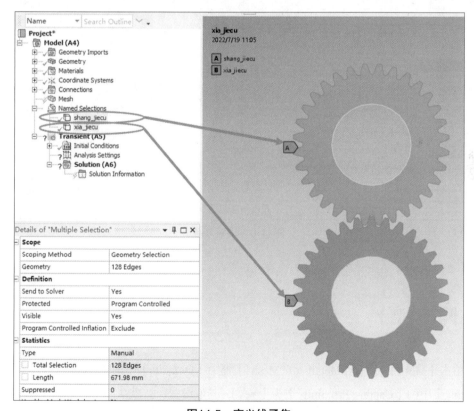

图14-5　定义线子集

（7）选择【Outline】中的【Connections】→【Contacts】→【Contact Region】，修改【Scope】中的【Scoping Method】为【Named Selection】，设置【Contact】为【shang_jiecu】，设置【Target】

为【xia_jiecu】；设置【Definition】中的【Type】为【Frictional】,【Friction Coefficient】设置为 0.1；将【Advanced】中的【Formulation】修改为【Augmented Lagrange】,【Detection Method】修改为【On Gauss Point】，其他设置保持默认不变，如图 14-6 所示。

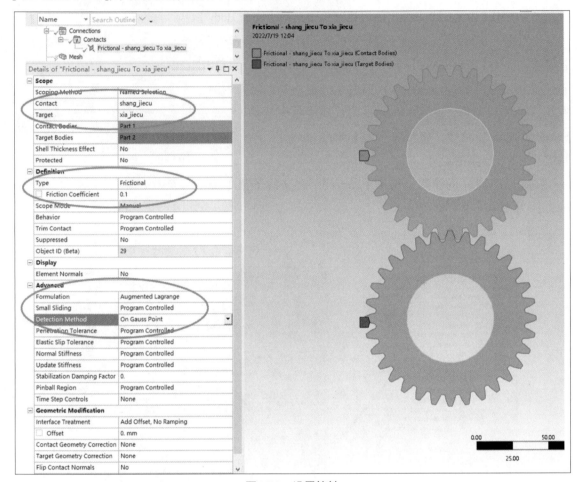

图14-6　设置接触

14.4　网格划分

（1）单击【Mesh】，设置【Details of "Mesh"】框中【Defaults】中的【Element Size】为 0.5mm，修改【Sizing】中的【Capture Proximity】为【Yes】，其他设置保持默认不变，如图 14-7 所示。

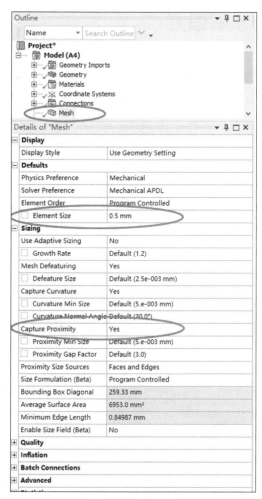

图14-7　设置网格

（2）右击【Mesh】，在弹出的快捷菜单中选择【Generate Mesh】命令，右侧图形区域生成网格模型，效果如图 14-8 所示。

图14-8　网格效果

14.5 边界载荷与求解设置

（1）右击【Outline】中的【Static Structural(A5)】→【Analysis Settings】，左下方出现【Details of "Analysis Settings"】框，将【Step Controls】中的【Step End Time】设置为 0.1s，即求解总时间为 0.1s。同时，设置【Initial Time Step】为 5e-4s，设置【Minimum Time Step】为 5e-4s，设置【Maximum Time Step】为 0.05s，非线性接触计算对时间子步设置要求较高，子步设置较大时不容易收敛，需要进行多次调试；设置【Time Integration】为【On】。设置【Slover Controls】中的【Weak Springs】为【On】，打开弱弹簧；设置【Large Deflection】为【On】，打开大变形。其他设置保持默认不变，如图 14-9 所示。

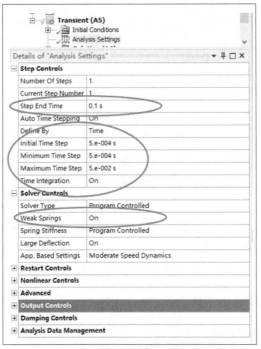

图14-9　设置求解参数

（2）设置齿轮的转动方式，其中下方齿轮设置为主动轮，上方齿轮设置为从动轮，二维模型计算无法设置【Joint】，这里通过远端位移约束来替代。右击【Outline】中的【Static Structural（A5）】栏，在弹出的快捷菜单中选择【Insert】→【Remote Displacement】命令，选择工具栏中的线选择命令，选中上方齿轮的内圆面，再单击【Geometry】后的【Apply】按钮，设置【X Component】为 0，设置【Y Component】为 0，即只允许上方的齿轮转动，如图 14-10 所示；同样的，插入【Remote Displacemen】，选中下方齿轮的内圆面，设置【X Component】为 0，设置【Y Component】为 0，设置【Rotation Z】为【Tabular Data】，在右下方【Tabular Data】中【RZ(°)】列第二行输入 10，即使下方齿轮转动 10°，如图 14-11 所示。

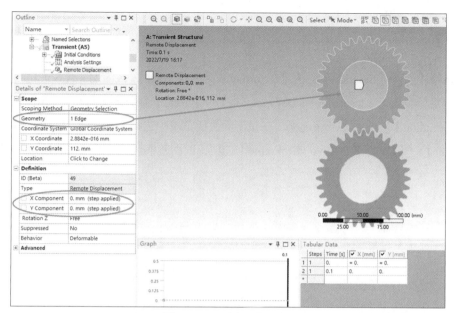

图14-10 设置远端位移1

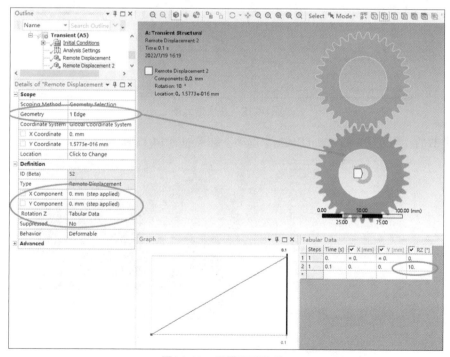

图14-11 设置远端位移2

（3）右击【Outline】中的【Solution（A6）】，在弹出的快捷菜单中选择【Solve】命令，或者单击工具栏中的【Solve】按钮，软件会进行求解，界面左下角会出现求解进度条。瞬态动力学求解的时间比较长，当进度条显示 100% 时，求解完成。

14.6 后处理

（1）选择主菜单【Solution】中的【Deformation】→【Total】，或者右击【Solution（A6）】，在弹出的快捷菜单中选择【Insert】→【Deformation】→【Total】命令，【Solution（A6）】下方会出现【Total Deformation】选项。右击该选项，在弹出的快捷菜单中选择【Evaluate All Result】命令，再选择【Result】→【Edges】→【No WireFrame】选项，云图就不会显示网格，结果如图14-12所示。

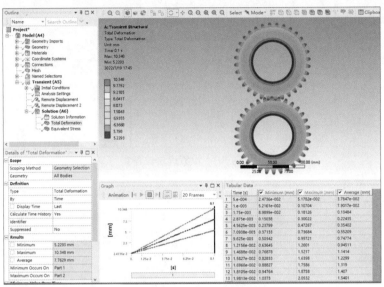

图14-12　总变形云图

（2）类似的，插入【Equivalent Stress】选项，结果如图14-13所示。

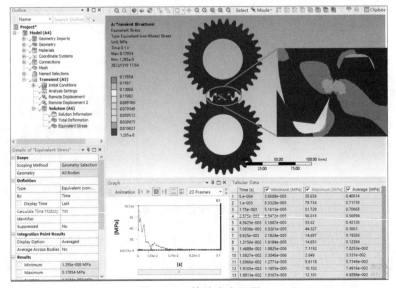

图14-13　等效应力云图

（3）从图 4-13 中可以发现，齿轮在刚启动时受到的等效应力最大。单击图形框下方【Graph】中的播放按钮（Play or Pause），图形框中就会显示齿轮的整个运动过程。鼠标单击【Graph】中等效应力最大点，右击，在弹出的快捷菜单中选择【Retrieve This Result】命令，完成求解，设置工具栏中的放大倍数为 1，如图 4-14 所示。

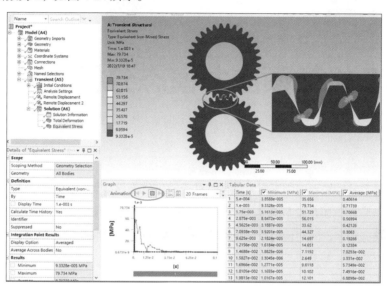

图14-14　最大等效应力云图

14.7　保存与退出

（1）选择【File】→【Close Mechanical】命令，退出 Mechanical 分析界面，返回 ANSYS Workbench 主界面。此时主界面项目管理区中显示的分析项目栏后都显示为√，表示分析均已经完成。

（2）在 ANSYS Workbench 主界面单击工具栏中的保持按钮，保存包含分析结果的文件。单击右上角的 ×（关闭）按钮，退出 ANSYS Workbench 主界面，完成项目分析。

本章小结

本章讲解了齿轮传动的动力学分析过程，以二维齿轮模型为例，采用了平面应力方法，讲述了齿轮分析的基本流程、载荷和约束的加载方法，以及后处理等过程，读者可以以此理解和掌握瞬态动力学分析的知识。

第 15 章
CT 机架预应力模态分析

模态分析是一种用来研究结构的动态特性的方法，每个模态都具有结构的固有频率、阻尼比和模态振型。通过模态分析可以帮助设计人员确定结构的共振频率，同时也可以根据结构所受的载荷评估结构的实际响应。

15.1 问题描述

CT 机架主要用来承载源探及滑环等结构，进行模态分析能够了解 CT 机架的动力学特性，有助于整机设备的稳定运行。CT 机架几何模型如图 15-1 所示，试对机架在受到旋转部件的重力与离心力作用时进行模态分析。

图15-1　CT机架几何模型

15.2 导入几何体

（1）启动 ANSYS Workbench 2022 R2，进入主界面。

（2）由于要进行预应力下的模态分析，因此要先完成结构静力学分析计算。拖动或者双击主界面工具箱【Toolbox】栏中【Analysis Systems】板块下的结构静力学分析项目【Static Structural】到右侧【Project Schematic】框中，出现结构静力学分析流程框架；再拖动模态分析项目【Modal】到右侧，当鼠标指针移动到结构静力学分析项目 A6 栏中的【Solution】时，在出现红色小方框后放开，静力学计算的结果就会自动传递到模态分析上，如图 15-2 所示。

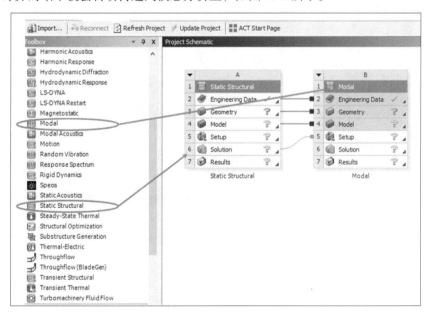

图15-2　创建分析项目

（3）在 A3 栏中的【Geometry】上右击，在弹出的快捷菜单中选择【Import Geometry】→【Browse】命令，找到几何模型所在的文件夹，选择几何模型 ct.x_t。导入几何模型后，分析模块中 A3 栏【Geometry】后的?变为√，表明几何模型已导入。

15.3 添加模型材料参数

（1）双击 A2 栏 Engineering Data 项，进入材料参数设置界面，如图 15-3 所示。

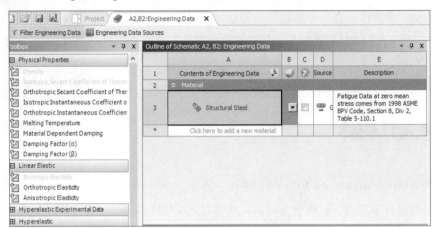

图15-3　材料参数设置界面1

（2）CT 机架和旋转部件的材料为铝合金，因此可以选取 ANSYS Workbench 材料库中的自带材料。选择工具栏中的【Engineering Data Sources】命令，界面内会出现【Engineering Data Sources】框，选择 A4 栏中的【General Materials】，下方出现【Outline of General Materials】界面，如图 15-4 所示。

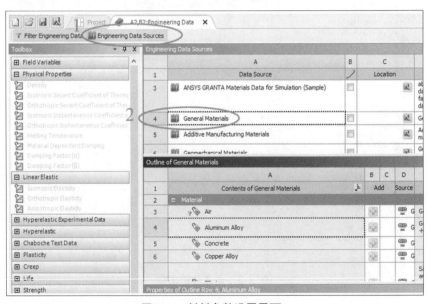

图15-4　材料参数设置界面2

（3）单击【Outline of General Materials】表中【Aluminum Alloy】栏中的加号，后面出现橡皮擦图标，表明材料添加成功，如图 15-5 所示。

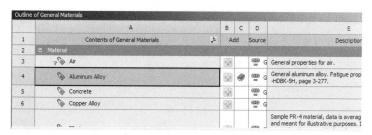

图15-5　添加材料

（4）单击工具栏中【A15，B15：Engineering Data】中的 × 按钮，返回 ANSYS Workbench 主界面，材料创建完成。

15.4　材料赋予和接触设置

（1）双击工具栏中的【A4：Model】，进入 Mechanical 分析界面，如图 15-6 所示。

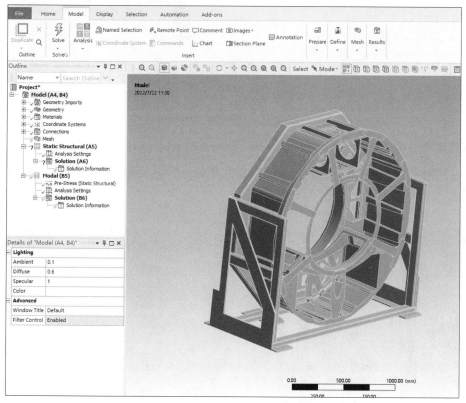

图15-6　Mechanical 分析界面

（2）将主菜单【Home】中的【Units】单位设置为【Metric（mm，ton，N，s，mV，mA）】，【Rotational Velocity】设置为【RPM】。

（3）分配材料属性给几何模型。展开【Outline】中的【Geometry】，右击第一个几何体，在弹出的快捷菜单中选择【Rename】命令，将其命名为【机架】，同时将【Material】框中的【Assignment】修改为【Aluminum Alloy】，如图 15-7 所示。

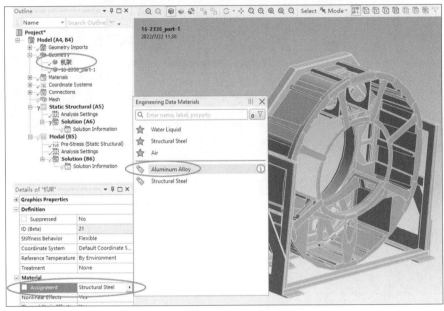

图15-7　赋予材料

（4）同样，命名第二个几何体为【旋转部件】，赋予【Aluminum Alloy】（铝合金）材料。

（5）ANSYS Workbench 能够自动探索并完成接触对的建立。但是会把一定范围内的面都识别进去，因此需要手动修改。选择【Outline】中的【Connections】→【Contacts】→【Contact Region】，下方出现【Details of "Contact Region"】框，修改接触面为机架上的圆面，目标面为旋转部件的圆面，如图 15-8 和图 15-9 所示。

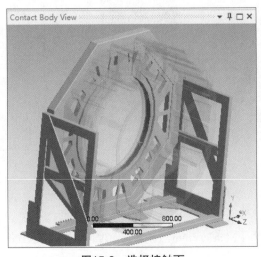

图15-8　选择接触面

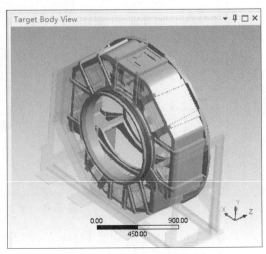

图15-9　选择目标面

（6）模态分析计算中不考虑非线性因素，修改【Definition】栏中的【Type】为【No Separation】；修改【Advanced】栏中的【Formulation】为【Augmented Lagrange】，【Detection Method】为【On Gauss Point】，其他保持默认设置不变，如图 15-10 所示。

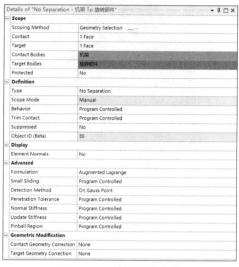

图15-10　设置接触参数

15.5 网格划分

（1）单击【Mesh】，在【Detail of "Mesh"】框中进行全局网格设置。设置【Element Size】为150mm，将【Transition】修改为【Slow】（这样能够使单元之间平滑过渡），将【Span Angle Center】修改为【Fine】（用于定义曲面之间的网格细分角度），其他保持默认不变，如图 15-11 所示。

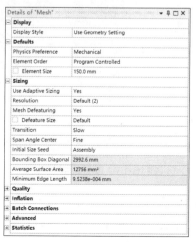

图15-11　设置网格参数

（2）右击【Mesh】，在弹出的快捷菜单中选择【Generate Mesh】命令，生成网格，效果如图 15-12 所示。

图15-12　网格效果

15.6　静力学分析设置

（1）设置边界条件。右击【Static Structural（B5）】，在弹出的快捷菜单中选择【Insert】→ "Fixed Support" 命令，选择工具栏中的选择模式，单击【Single Select】，按住 Ctrl 键，选中机架左右底面，再单击【Apply】按钮，如图 15-13 所示。

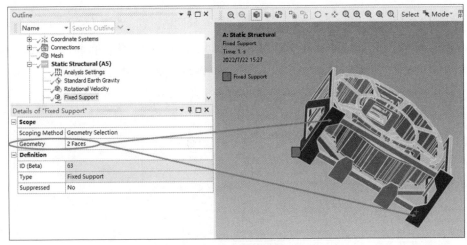

图15-13　设置边界条件

（2）设置重力。考虑到结构自身重力的影响，添加重力。右击【Static Structural（B5）】，在弹出的快捷菜单中选择【Insert】→【Standard Earth Gravity】命令，将【Direction】修改为【-Y Direction】，如图 15-14 所示。

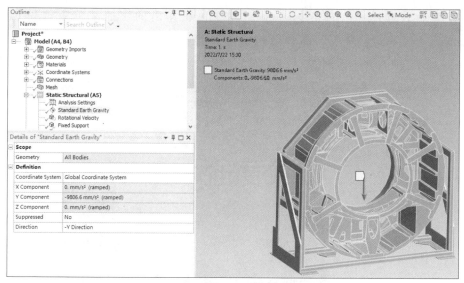

图15-14　设置重力

（3）右击【Static Structural（A5）】，在弹出的快捷菜单中选择【Insert】→【Rotational Velocity】命令，为模型添加转速。选中旋转部件，单击【Geometry】后的【Apply】按钮，将【Definition】中的【Define By】修改为【Components】，在【Z Component】后输入 239，其他设置保持不变，如图 15-15 所示。

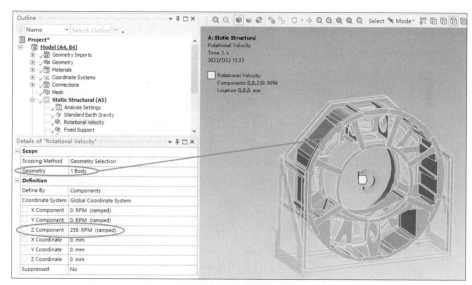

图15-15　设置转速

（4）求解设置。选择【Analysis Settings】，设置【Solver Controls】中的【Weak Springs】（弱弹簧）为【On】，其他设置保持默认不变。

（5）静力学求解。右击【Solution（A6）】，在弹出的快捷菜单中选择【Solve】命令进行求解。当左下方的进度条到达 100% 时，求解完成。

（6）查看后处理结果。右击【Solution（A6）】，在弹出的快捷菜单中选择【Insert】→【Deformation】→【Total】命令，查看结构的整体变形。选择【Result】→【Edges】→【No Wireframe】，显示云图中不显示网格。

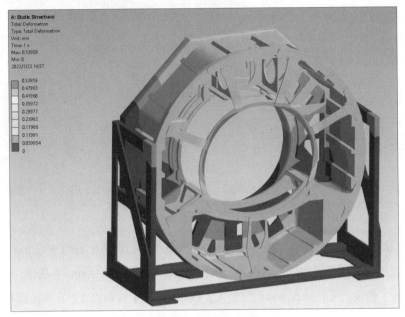

图15-16　总变形云图

（7）查看后处理结果。右击【Solution（A6）】，在弹出的快捷菜单中选择【Insert】→【Stress】→【Equivalent Stress（von-Mises）】命令，查看结构受到的等效应力，如图15-17所示。

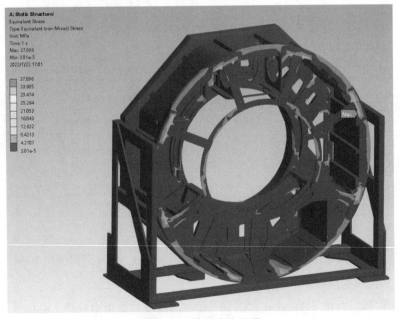

图15-17　等效应力云图

(15.7) 模态分析设置

（1）【Outline】中【Pre-Stress（Static Structural）】的设置保持默认不变，此处表示静力学计算的数据传递到模态计算中。

（2）选择【Analysis Settings】，设置【Options】中的【Max Modes to Find】为 6，计算前六阶模态，其他设置保持默认不变。

（3）边界条件已经在静力学分析中设置过，无须再次设置。右击【Solution（B6）】，在弹出的快捷菜单中选择【Solve】命令，或者单击工具栏中的【Solve】按钮，进行求解计算。

（4）求解完成后，首先单击【Solution（B6）】，再依次单击工具栏中【Solution】下的【Graph】和【Tabular Data】，右下方就会出现图标，如图 15-18 所示。

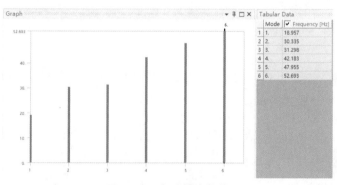

图15-18 各阶模态数值

（5）鼠标在 Graph 图中右击，选择【Select All】后右击，在弹出栏上选择【Create Mode Shape Results】，左侧【Outline】中的【Solution（B6）】下方就会自动出现需要求解的前六阶屈曲模态。设置【Geometry】为机架，单独查看机架的模态振型，如图 15-19 所示，其中参数列表【Definition】中【Mode】后面的数字代表第几阶屈曲模态。

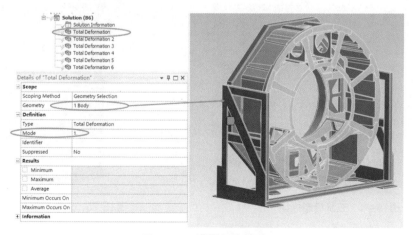

图15-19 设置各阶模态

（6）右击【Solution（B6）】，在弹出的快捷菜单中选择【Evaluate All Result】命令，查看前六阶模态振型；也可以单击【Graph】中的播放按钮，可以更加清楚地观察各阶模态振型。各阶模态振型结果如图 15-20~ 图 15-25 所示。

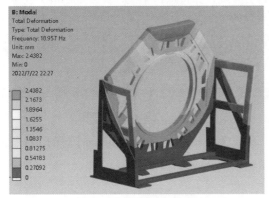

图15-20　一阶模态振型

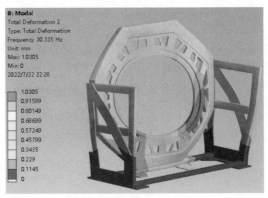

图15-21　二阶模态振型

图15-22　三阶模态振型

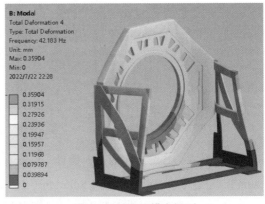

图15-23　四阶模态振型

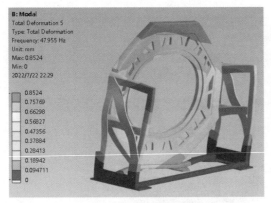

图15-24　五阶模态振型

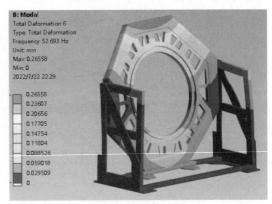

图15-25　六阶模态振型

15.8　保存与退出

（1）选择【File】→【Close Mechanical】命令，退出 Mechanical 分析界面，返回 ANSYS Workbench 主界面。此时主界面项目管理区中显示的分析项目栏后都显示为√，表示分析均已经完成。

（2）在 ANSYS Workbench 主界面单击工具栏中的保存按钮，保存包含分析结果的文件。单击右上角的 ×（关闭）按钮，退出 ANSYS Workbench 主界面，完成项目分析。

本章小结

本章讲解了 CT 机架的预应力分析流程，首先对 CT 机架进行了结构静力学分析，在此基础上进行了 CT 机架的模态分析，使读者能够理解和掌握预应力下的模态分析步骤、载荷、约束、求解设置及后处理等方法。

第 16 章

曲轴连杆刚体动力学分析

　　刚体动力学分析中是将结构零部件当成刚体处理，即结构不会在外力作用下发生变形，基于运动学定律和拉格朗日法来描述系统各个组件及整个系统本身的位置、速度和加速度等。目前，刚体动力学已经被广泛应用于汽车、航空航天和机器人等领域。

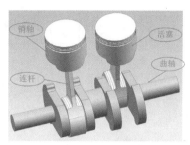

16.1　问题描述

图 16-1 所示为某一简化后的气缸曲轴连杆结构，主要用来将燃烧作用在活塞顶上的力转变为曲轴的旋转运动，从而实现内能向机械能的转化。现通过 ANSYS Workbench 中的刚体动力学模块进行仿真计算，得到曲柄连杆结构的实时运动学特性。

图16-1　几何模型

16.2　导入几何体

（1）启动 ANSYS Workbench 2022 R2，进入主界面。

（2）拖动或者双击主界面工具箱【Toolbox】栏中【Analysis Systems】板块下的刚体动力学分析项目【Rigid Dynamics】到右侧【Project Schematic】框中，出现刚体动力学分析流程框架，如图 16-2 所示。

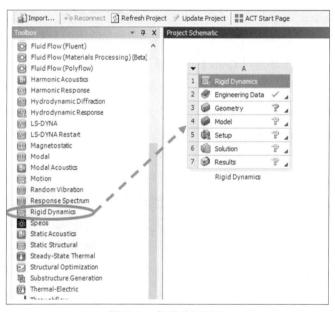

图16-2　创建分析项目

（3）单击 A3 栏中的【Geometry】，右侧出现【Properties of Schematic A3：Geometry】栏，在A3 栏中的【Geometry】上右击，在弹出的快捷菜单中选择【Import Geometry】→【Browse】命令，找到几何模型所在的文件夹，选择几何模型【qigang.x_t】。导入几何模型后，分析模块中 A3 栏【Geometry】后的?变为√，表明几何模型已导入。

（4）由于是刚体动力学计算，忽略结构的变形，因此材料保持默认即可。

16.3 接触设置

（1）双击项目管理区中 A4 栏中的【Model】，进入 Mechanical 分析界面，如图 16-3 所示。

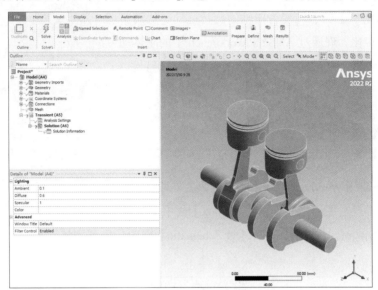

图16-3　Mechanical 分析界面

（2）将主菜单【Home】中的【Units】单位设置为【Metric（mm，t，N，s，mV，mA）】和【Degrees】。

（3）右击【Outline】中的【Connections】→【Contacts】，在弹出的快捷菜单中选择【Delete】命令，删除系统自动生成的接触对。这里手动建立运动副来描述系统的运动关系。

（4）单击主菜单栏中的【Explode】，将【Reset】滑块拉到最右边，即使装配体爆炸开，这样有利于运动副的建立，如图 16-4 所示。

（5）曲轴与连杆之间可以相互转动，建立曲轴与连杆之间的运动副。选择【Outline】中的【Connections】→【Insert】→【Joint】，设置【Definition】中的【Type】为【Revolute】，修改【Torsional Stiffness】为 1e+006，修改【Torsional Damping】为 0.02。选择工具栏中的选择面命令，选中连杆下

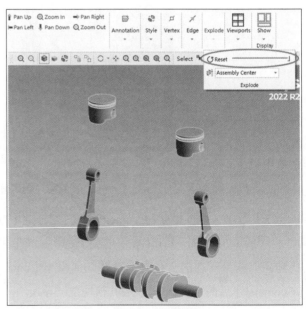

图16-4　爆炸图

方的内圆面，再单击【Reference】→【Scope】后面的【Apply】按钮，选中相连曲轴的圆面，单击【Mobile】→【Scope】后面的【Apply】按钮，其他设置保持默认不变，如图 16-5 所示。图形框左上方各个方向前的灰色表示该方向自由度被约束，绿色代表自由度未被约束，此转动副释放二者 Z 方向的转动自由度，其他自由度都被约束。这里需要注意的是，运动副的坐标系是建立在刚体上的局部坐标系，而不是全局坐标系。

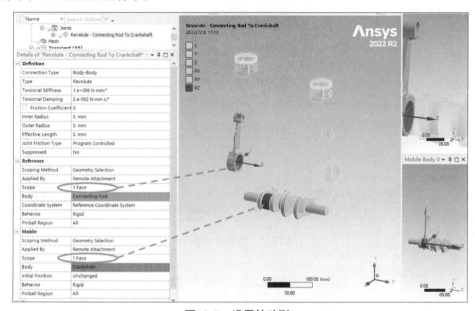

图16-5　设置转动副1

（6）采用相同的步骤，建立曲轴与另一个连杆的运动副，如图 16-6 所示。

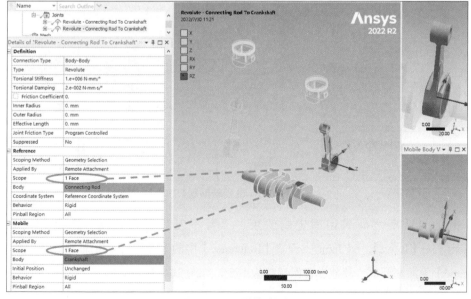

图16-6　设置转动副2

（7）销轴与连杆之间可以相互转动，建立两个销轴与连杆之间的转动副。采用相同的步骤，允许二者发生相互转动，如图 16-7 和图 16-8 所示。

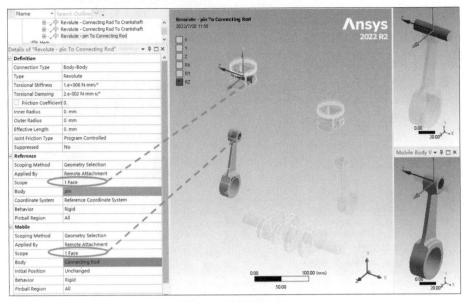

图16-7　设置转动副3

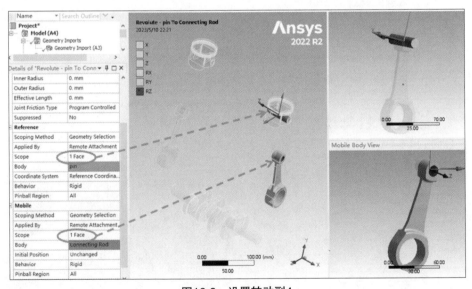

图16-8　设置转动副4

（8）销轴与活塞之间采用固定副约束，二者不发生任何运动。选择【Outline】中的【Connections】→【Insert】→【Joint】，设置【Reference】中的【Scope】为销轴圆面，设置【Mobile】中的【Scope】为活塞圆面，其他设置保持默认不变，如图 16-9 所示。

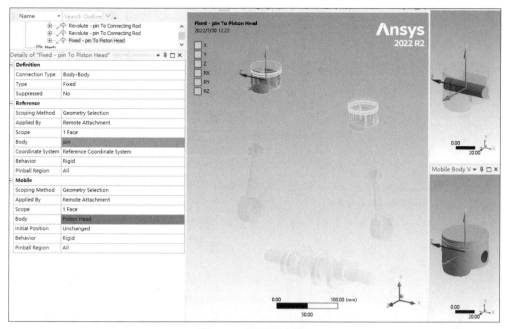

图16-9　设置固定副1

（9）同样的，设置另一个销轴与活塞的固定副，如图 16-10 所示。

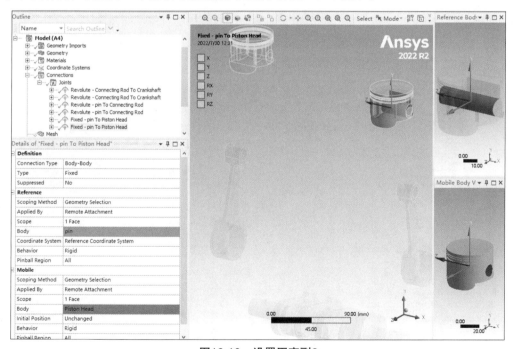

图16-10　设置固定副2

（10）活塞在气缸内上下做往复运动，由于未建立气缸外壳模型，因此这里采用与大地连接的方式，通过建立滑移副来进行约束。选择【Outline】中的【Connections】→【Insert】→【Joint】，修改【Definition】中的【Connection Type】为【Body-Ground】,【Type】为【Translational】。选中活塞的外圆面,单击【Mobile】中【Scope】后面的【Apply】按钮,其他设置保持默认不变,如图 16-11 所示。需要注意的是,活塞上的局部坐标系 X 轴要垂直向下,即允许活塞上下运动。

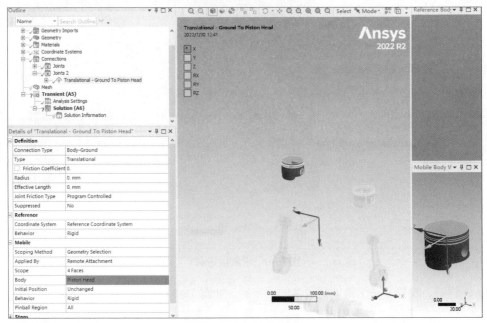

图16-11 设置滑移副1

(11)同样的,建立另一个活塞的滑移副,如图 16-12 所示。

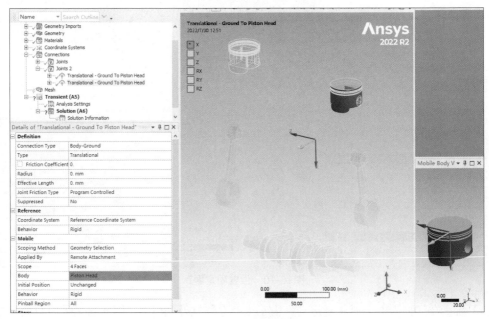

图16-12 设置滑移副2

（12）再添加一个曲轴的转动副，即只允许曲轴在轴向方向上转动。选择【Outline】中的【Connections】→【Insert】→【Joint】，修改【Definition】中的【Connection Type】为【Body-Ground】，【Type】为【Revolute】，【Torsional Stiffness】为 1e+006，【Torsional Damping】为 0.02，选中曲轴右边的面，单击【Mobile】中【Scope】后面的【Apply】按钮，其他设置保持默认不变，如图 16-13 所示。

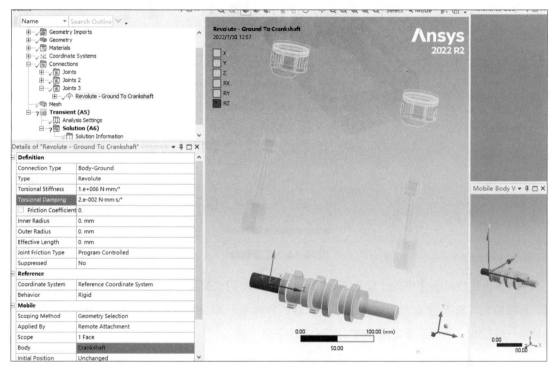

图16-13　设置转动副

（13）单击主菜单栏中的【Explode】，将【Reset】滑块拉回到最左边，结构恢复原样。

16.4　边界载荷与求解设置

（1）由于是将结构当成刚体，因此无须对结构进行网格划分。这里右击【Mesh】，在弹出的快捷菜单中选择【Update】命令，更新即可。

（2）右击【Transient（A5）】，在弹出的快捷菜单中选择【Insert】→【Joint Load】命令，将【Scope】中的【Joint】修改为【Revolute-Ground To Crankshaft】（曲轴的转动副），将【Definition】中的【Type】修改为【Rotation】，设置右下方【Tabular Data】中的 0s 为 0°，1s 为 360°（1s 内让曲轴旋转 360°），如图 16-14 所示。

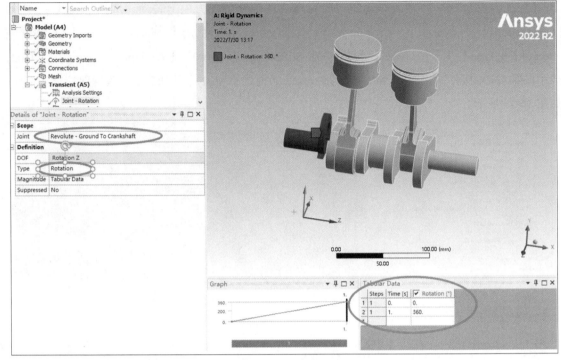

图16-14　设置驱动

（3）右击【Outline】中的【Solution（A6）】，在弹出的快捷菜单中选择【Solve】命令，或者单击工具栏中的【Solve】按钮，软件会进行求解，界面左下角会出现求解进度条。刚体动力学求解的时间一般较快，当进度条显示100%时，求解完成。

16.5　后处理

（1）刚体动力学主要得到系统的运动规律，右击【Solution（A6）】，在弹出的菜单中选择【Insert】→【Deformation】→【Total】，随之模型树中会出现【Total Deformation】，右击选择【Evaluate All Result】，单击图形框下方【Graph】中的播放按钮（Play or Pause），图形框中就会显示曲轴连杆的整个运动过程。

（2）右击【Solution（A6）】，在弹出的快捷菜单中选择【Insert】→【Probe】→【Deformation】命令，选中左侧活塞，选择【Geometry】，修改【Options】中的【Result Selection】为【Y Axis】，其他保持默认不变。右击【Evaluate All Result】命令，【Graph】框中会出现活塞的位移，如图16-15所示。

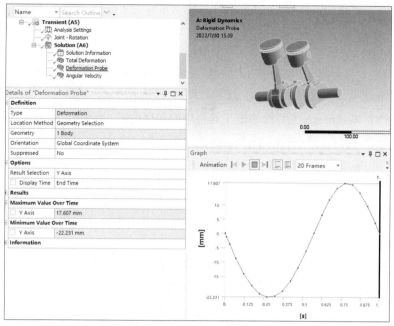

图16-15　位移曲线

（3）同样的，可以查看连杆的角速度。右击【Solution（A6）】，在弹出的快捷菜单中选择
【Insert】→【Probe】→【Angular Velocity】命令，选中左侧连杆，选择【Geometry】，修改【Options】
中的【Result Selection】为【X Axis】，其他保持默认不变。右击，在弹出的快捷菜单中选择
【Evaluate All Result】命令，【Graph】框中会出现活塞的位移，如图 16-16 所示。

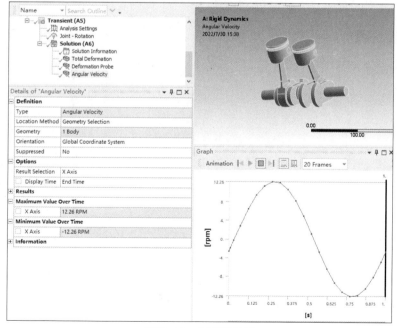

图16-16　角速度曲线

16.6 保存与退出

（1）选择【File】→【Close Mechanical】命令，退出 Mechanical 分析界面，返回 ANSYS Workbench 主界面。此时主界面项目管理区中显示的分析项目栏后都显示为√，表示分析均已经完成。

（2）在 ANSYS Workbench 主界面单击工具栏中的保存按钮，保存包含分析结果的文件。单击右上角的 ×（关闭）按钮，退出 ANSYS Workbench 主界面，完成项目分析。

本章小结

本章讲解了曲轴连杆的刚体动力学分析过程，通过建立不同类型的运动副，讲述了刚体动力学分析的基本流程、载荷和约束的加载方法，以及后处理等过程，读者可以以此理解和掌握刚体动力学的知识。

第 17 章

方形框架起吊强度分析

　　工程设备在运输及转运中不可避免地会遇到起吊装卸的过程，若起吊时因为强度不足而导致设备变形过大甚至断裂，将引发严重安全事故和重大经济损失。因此，在设计时应提前对起吊设备进行强度分析，保证安全性。

17.1 问题描述

图 17-1 所示的方形框架几何模型为某一简化的工程设备结构，其左右两边各有两个吊攀，起吊时绳子缠绕在吊攀上，分析起吊过程中设备的变形与受力情况。

17.2 导入几何体

图17-1 方形框架几何模型

（1）启动 ANSYS Workbench 2022 R2，进入主界面。

（2）拖动或者双击主界面工具箱【Toolbox】栏中【Analysis Systems】板块下的结构静力学分析项目【Static Structural】到右侧【Project Schematic】框中，出现结构静力学分析流程框架，如图 17-2 所示。

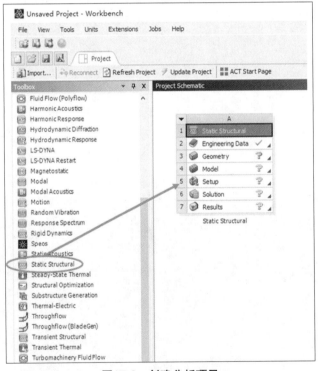

图17-2 创建分析项目

（3）在 A3 栏的【Geometry】上单击鼠标右键，弹出的快捷菜单栏中选中【Import Geometry】→【Browse】命令，找到几何模型所在的文件夹，选中几何模型【kuang.x_t】，导入几何模型后，分析模块中 A3 栏 Geometry 后的?变为√，表明几何模型已导入。

（4）右击 A3 栏中的【Geometry】上，在弹出的快捷菜单中选择【Edit Geometry in Design Modeler】命令，进入 DesignModeler 界面。在左侧设计数中【Import1】上右击，在弹出的快捷菜单中选择【Generate】命令，生成几何模型，如图 17-3 所示。

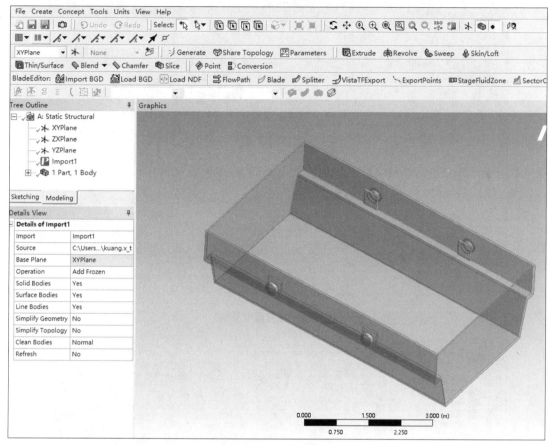

图17-3　几何模型

（5）在主菜单【Units】中选择【Millimeter】，单击工具栏中的缩放图标，使几何模型缩放到合适大小。

（6）由于模型是左右对称、前后对称的，因此选取 1/4 模型进行计算即可。单击工具栏中的【Slice】图标，左下方出现【Details of Slice1】列表，如图 17-4 所示。在【Base Plane】栏中选择【YZPlane】平面，单击【Generate】按钮，如图 17-5 所示。在设计树中右击 X 轴负方向区域的模型，在弹出的快捷菜单中选择【Suppress Body】命令，如图 17-6 所示。

图17-4　Slice操作流程

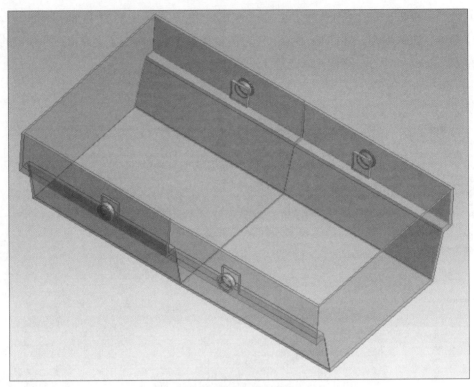

图17-5　几何模型分割

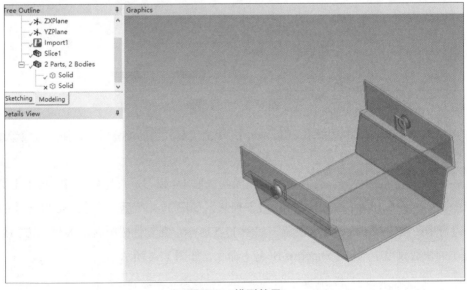

图17-6　模型禁用

（7）采用类似的步骤，单击【Slice】图标，在【Base Plane】栏中选择【ZXPlane】平面，单击【Generate】按钮，抑制 Y 轴正方向区域的模型，最终如图 17-7 所示。

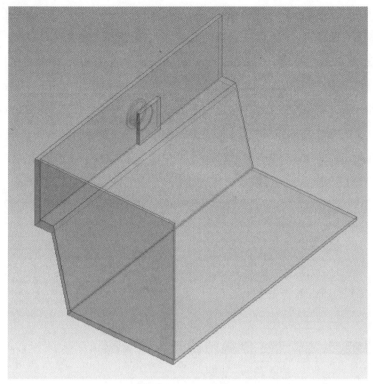

图17-7 几何模型

（8）选择【File】→【Close DesignModeler】命令，退出 DesignModeler 界面，返回 ANSYS Workbench 主界面。

17.3 添加模型材料参数

（1）双击 A2 栏中的【Engineering Data】，进入材料参数设置界面，如图 17-8 所示。

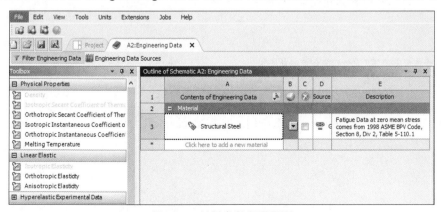

图17-8 材料参数设置界面

（2）本案例中由于对模型进行了相应的简化，但起吊过程中主要受到结构的重力作用，因此采用等效质量的方法，即修改密度值，使其简化后的结构质量与原结构相等。选择【Outline of Schematic A2：Engineering Data】→【Click here to add a new material】，输入新材料名称【Q235】。

（3）单击左侧工具栏【Physical Properties】前的 + 图标将其展开，鼠标双击【Density】，【Properties of Outline Row 4：Q235】框中会出现需要输入的【Density】值，在 B3 框中输入 12000。

（4）同步骤（3），单击左侧工具栏【Linear Elastic】前的 + 图标将其展开，鼠标双击【Isotropic Elasticity】，在【Properties of Outline Row 4：Q235】框中输入【Young's Modulus】为 2.1E+11，【Poisson's Ratio】为 0.3，如图 17-9 所示。

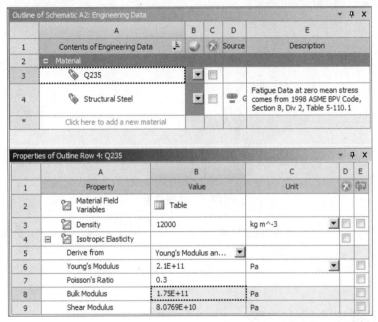

图17-9　设置材料

（5）单击工具栏中【Outline of Schematic A2:Engineering Data】中的关闭按钮，返回 ANSYS Workbench 主界面，新材料创建完毕。

17.4　材料赋予与网格划分

（1）双击项目管理区中的【A4：Model】，进入 Mechanical 分析界面，如图 17-10 所示。

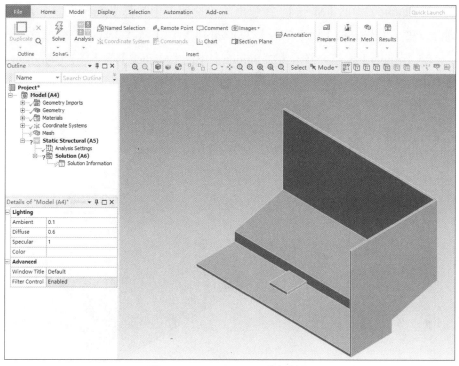

图17-10　Mechanical 分析界面

（2）将主菜单【Home】中的【Units】单位设置为【Metric（mm，ton，N，s，mV，mA）】。

（3）分配材料属性给几何模型。展开【Outline】中的【Geometry】，选择【Solid】，将下方参数列表中【Assignment】后面修改为【Q235】，如图 17-11 所示。

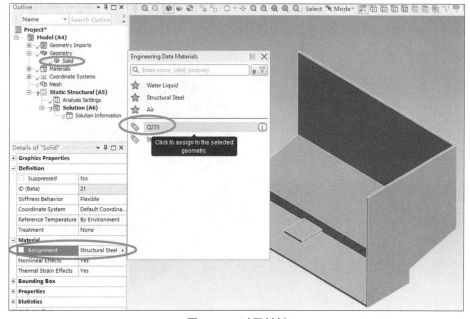

图17-11　赋予材料

（4）右击【Outline】中的【Mesh】，在弹出的快捷菜单中选择【Insert】→【Method】命令，添加网格划分方法。在【Scope】框中单击【Geometry】后的【No Selection】按钮，选中右边图框中的模型，单击【Apply】按钮，修改【Definition】中的【Method】为【Hex Dominant】，其他保持默认，如图 17-12 所示。

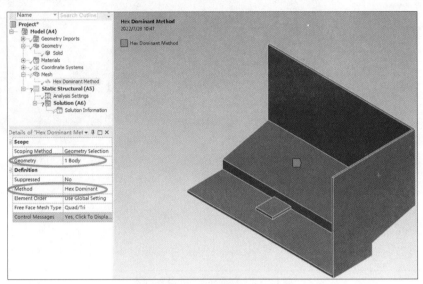

图17-12　设置网格划分方法

（5）右击【Mesh】，在弹出的快捷菜单中选择【Insert】→【Sizing】命令，选中模型，单击【Geometry】后面的【Apply】按钮，设置【Element Size】为 50mm，如图 17-13 所示。

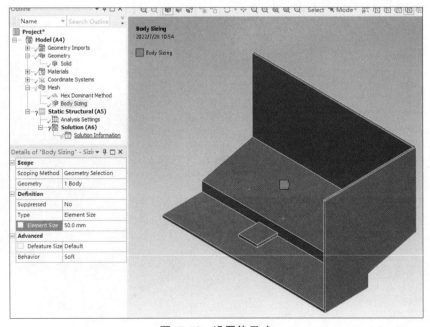

图17-13　设置体尺寸

（6）右击【Mesh】，在弹出的快捷菜单中选择【Generate Mesh】命令，左下方底部会出现网格划分的进程，最终的网格如图 17-14 所示。

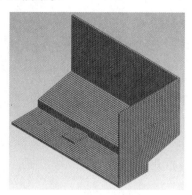

图17-14　网格效果

17.5　边界载荷与求解设置

（1）由于选取 1/4 模型进行计算，因此施加对称约束。右击【Outline】中的【Static Structural（A5）】，在弹出的快捷菜单中选择【Insert】→【Frictionless Support】命令，为模型添加无摩擦约束（对称约束）。选择工具栏中的选择面命令，按住 Ctrl 键，依次选中对称面上的面，再单击【Geometry】后面的【Apply】按钮，如图 17-15 所示。

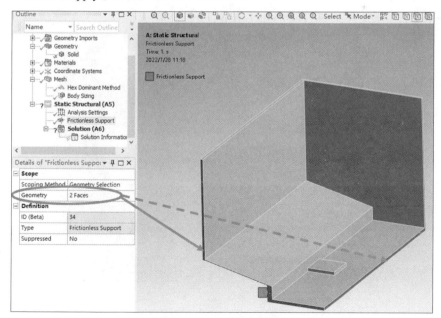

图17-15　设置无摩擦约束

（2）设置重力。右击【Static Structural（A5）】，在弹出的快捷菜单中选择【Insert】→【Standard Earth Gravity】命令，将【Definition】框中的【Direction】修改为【-Z Direction】，如图 17-16 所示。

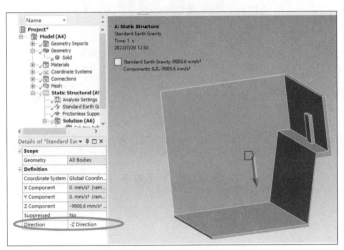

图17-16　设置重力

（3）添加弹簧用来模拟起吊的绳子。右击【Model（A4）】，在弹出的快捷菜单中选择【Insert】→【Connections】→【Spring】命令，在【Definition】框中设置【Longitudinal Stiffness】为 1e+008 N/mm；修改【Scope】框中的【Scope】为【Body-Ground】；设置【Reference】中的【Reference Y Coordinate】为 -2010mm，【Reference Z Coordinate】为 7170mm。选择工具栏中的面选择命令，选中吊盘的圆面，单击【Mobile】中【Scope】后的【Apply】按钮，其他设置保持默认不变。完成设置后，图形框中会出现弹簧模型，如图 17-17 所示。

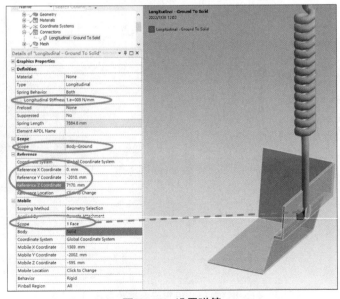

图17-17　设置弹簧

（4）右击【Outline】中的【Static Structural】（A5），在弹出的快捷菜单中选择【Analysis Settings】命令，修改【Solver Controls】中的【Weak Springs】为【On】，打开弱弹簧，其他设置保持不变，如图 17-18 所示。

图17-18　设置求解参数

（5）右击【Outline】中的【Solution（A6）】，在弹出的快捷菜单中选择【Solve】命令，或者单击工具栏中的【Solve】按钮，软件会进行求解，界面左下角会出现求解进度条。当进度条显示 100% 时，求解完成。

17.6 后处理

（1）选择主菜单【Solution】中的【Deformation】→【Total】，或者右击【Solution（A6）】，在弹出的快捷菜单中选择【Insert】→【Deformation】→【Total】命令，选择【Solution（A6）】→【Evaluate All Result】，再选择工具栏中的【Result】→【Edges】→【No WireFrame】，设置云图显示结果不包括网格，如图 17-19 所示。如果不想显示弹簧，可以选择【Display】→【Preferences】，取消选中【Springs】复选框，云图中就不会有弹簧。

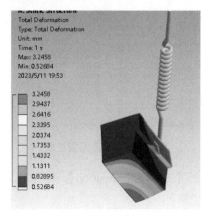

图17-19　位移云图

（2）类似的，【Solution（A6）】→【Insert】→【Stress】→【Equivalent（von-Mises）】，查看结构的等效应力云图，如图 17-20 所示。

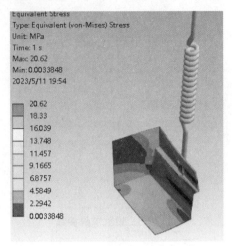

图17-20　等效应力云图

（3）进行模型扩展，显示整个模型。右击【Model（A4）】，在弹出的快捷菜单中选择【Insert】→【Symmetry】命令，修改【Graphical Expansion 1(Beta)】中的【Num Repeat】为 2，修改【Method】为【Half】，修改【ΔX】为 0.001mm；设置【Graphical Expansion 2（Beta）】中的【Num Repeat】为 2，修改【Method】为【Half】，修改【ΔY】为 0.001mm，如图 17-21 所示。

Details of "Symmetry"	▼ ♯ □
Graphical Expansion 1 (Beta)	
Num Repeat	2
Type	Cartesian
Method	Half
ΔX	1.e-003 mm
ΔY	0. mm
ΔZ	0. mm
Coordinate System	Global Coordinate System
Graphical Expansion 2 (Beta)	
Num Repeat	2
Type	Cartesian
Method	Half
ΔX	0. mm
ΔY	1.e-003 mm
ΔZ	0. mm
Coordinate System	Global Coordinate System
Graphical Expansion 3 (Beta)	
Num Repeat	0
Type	Cartesian
Method	Full
ΔX	0. mm
ΔY	0. mm
ΔZ	0. mm
Coordinate System	Global Coordinate System

图17-21　设置模型扩展

（4）选择【Solution（A6）】→【Total Deformation】，结果就会扩展成整个模型，如图 17-22 所示。

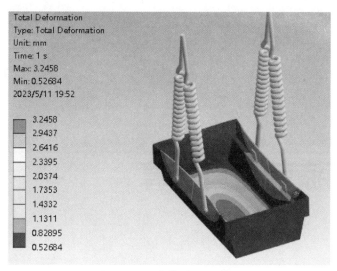

图17-22　全模型位移云图

17.7　保存与退出

（1）选择【File】→【Close Mechanical】命令，退出 Mechanical 分析界面，返回 ANSYS Workbench 主界面。此时主界面项目管理区中显示的分析项目栏后都显示为√，表示分析均已经完成。

（2）在 ANSYS Workbench 主界面单击工具栏中的保存按钮，保存包含分析结果的文件。单击右上角的 ×（关闭）按钮，退出 ANSYS Workbench 主界面，完成项目分析。

本章小结

本章讲解了方形框架起吊时的强度分析。通过本章的学习，读者可以理解和掌握结构强度分析的流程，为后续其他产品的强度分析打下基础。

第 18 章
轴柄疲劳仿真计算

  轴柄是电机中的一个重要零件，作为电机与设备之间机电能量转换的纽带，支承转动零部件、传递力矩和确定转动零部件对定子的相对位置。因此，电机轴柄必须具有可靠的强度和刚度，确保预设定设计功能的实现。电机轴柄在使用过程中主要受扭矩作用，且所受扭矩是交变载荷，所以其损伤一般是由于疲劳原因，因此对其疲劳寿命的研究至关重要。本章仿真计算电机轴柄在交变扭矩作用下的疲劳寿命。

18.1　问题描述

图 18-1 所示为本章所研究的电机轴柄几何模型，材质为 45 钢，轴柄一侧与电机相连，另一侧与转动零部件相连。本章以此工况作为研究条件，对轴柄一侧施加 30N·m 的交变扭矩，另一侧进行固定约束，仿真计算该工况下的轴柄疲劳寿命。

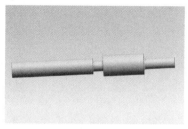

图18-1　电机轴柄几何模型

18.2　建立分析项目并创建几何体

（1）启动 ANSYS Workbench 2022 R2，进入主界面。

（2）拖动或者双击主界面工具箱【Toolbox】栏中【Analysis Systems】板块下的结构静力分析项目【Static Structural】到右侧【Project Schematic】框中，即搭建好静力学分析流程框架，如图 18-2 所示。

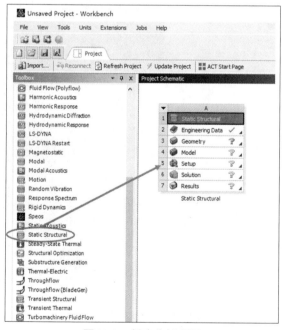

图18-2　创建分析项目

（3）在项 A 中的 A3 栏的【Geometry】上单击鼠标右键，在弹出的快捷菜单中选择【Import Geometry】→【Browse】命令，找到几何模型所在的文件夹，选择几何模型【zhoubing.x_t】。导入几何模型后，分析模块中 A3 栏【Geometry】后的?变为√，表明几何模型已导入。

（4）右击项目 A 中的【Geometry】，在弹出的快捷菜单中选择【New DesignModeler Geometry】

命令，进入 DesignModeler 界面。单击左上方工具栏中的【Generate】按钮，即在视图中显示导入的模型，如图 18-3 所示。

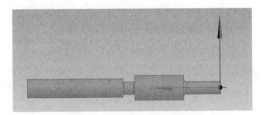

图18-3 导入的轴柄模型

（5）在主菜单【Units】中选择【Millimeter】。

（6）为了能够对模型进行六面体网格划分，需要对模型进行切割。选择【Create】→【New Plane】，在【Details of Plane4】栏中将【Type】修改为【From Circle/Ellispe】，选中轴柄模型右侧的圆形曲线，单击【Base Edge】右侧的【Apply】按钮，再单击工具栏中的【Generate】按钮，即生成平面 Plane4，如图 18-4 所示。

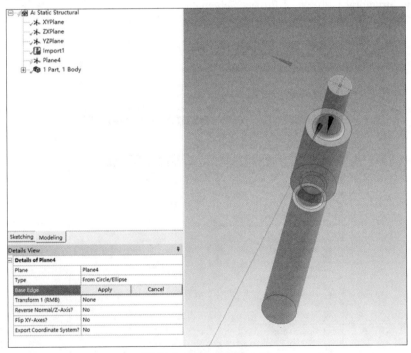

图18-4 建立平面Plane4

（7）在右侧【Tree Outline】中选择【Plane4】，单击工具栏中的草图标签，再单击下方的【Sketching】按钮，进入草图绘制环境。单击正视放大标签，使草图绘制平面正视前方。单击【circle】按钮，选择球头顶端圆形曲线的圆心为中心点绘制圆形，单击【Dimensions】中的【Radius】按钮，设置半径为 3.5mm，如图 18-5 所示。

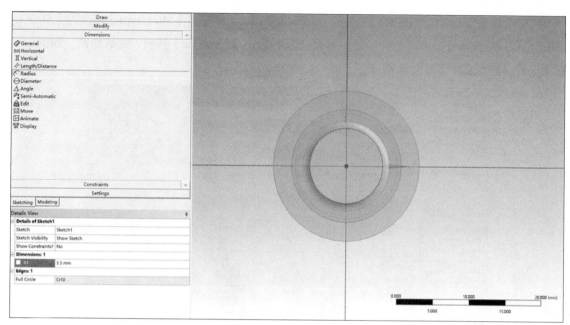

图18-5　建立圆形草图

（8）单击工具栏中的【Extrude】按钮，在【Details of Extrude】框中，在【Geometry】栏中选择刚绘制的圆形草图，单击【Apply】按钮，完成选择。在【Operation】栏中选择【Slice Material】，在【Direction】栏中选择【Normal】，【Extent Type】选择【Through All】，单击【Generate】按钮，即完成圆柱的切分，如图 18-6 所示。

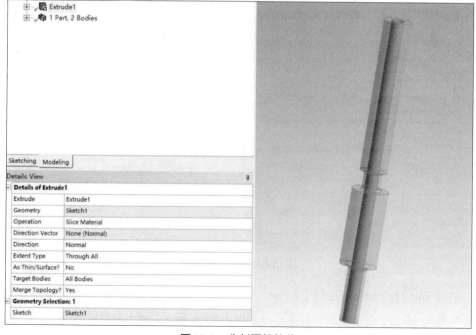

图18-6　分割圆柱拉伸

（9）选择【Create】→【Slice】，在【Details of Slice 1】框中将【Slice Type】修改为【Slice by Plane】，【Base Plane】选择【ZXPlane】，单击工具栏中的【Generate】按钮，完成切割，如图 18-7 所示。最终切割效果如图 18-8 所示。

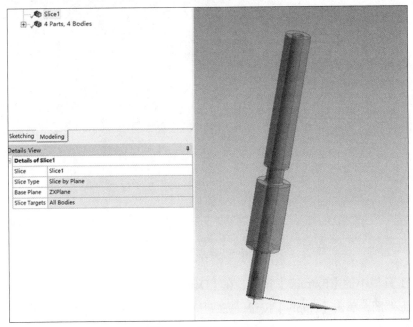

图18-7　通过平面切割

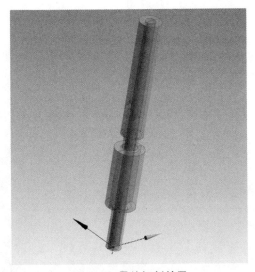

图18-8　最终切割效果

（10）在【Tree Outline】中选择【4 Parts，4Bodies】，单击其左侧按钮，展开显示所有的 Part。选中所有的 Part，右击，在弹出的快捷菜单中选择【Form New Part】命令，形成一个整体 Part，即将所有的 Part 共节点，如图 18-9 所示。

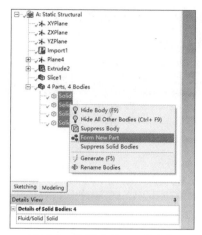

图18-9　将所有的part共节点

（11）单击 DesignModeler 界面右上角的 ×（关闭）按钮，退出 DesignModeler 界面，返回 ANSYS Workbench 主界面。

18.3　添加模型材料参数

（1）双击 A2 栏中的【Engineering Data】，进入材料参数设置界面，如图 18-10 所示。

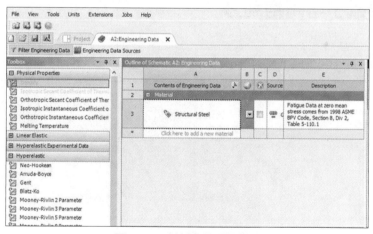

图18-10　材料参数设置界面

（2）选择【Outline of Schematic A2：Engineering Data】→【Click here to add a new material】，输入新材料名称【45 steel】。

（3）单击左侧工具栏【Physical Properties】前的 + 图标将其展开，双击【Density】，【Properties of Outline Row 4：45 steel】框中会出现需要输入的【Density】值，在 B3 框中输入 7850。

（4）同步骤（3），单击左侧工具栏【Linear Elastic】前的 + 图标将其展开，双击【Isotropic

Elasticity】，在【Properties of Outline Row 4：stainless steel】框中设置【Young's Modulus】为 2E+11，
【Poisson's Ratio】为 0.3，如图 18-11 所示。

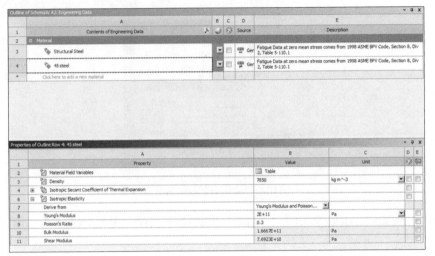

图18-11　设置材料

（5）单击工具栏中【Outline of Schematic A2:Engineering Data】中的关闭按钮，返回 ANSYS
Workbench 主界面，新材料创建完毕。

18.4　材料赋予与网格划分

（1）双击项目管理区中的【A4：Model】，进入 Mechanical 分析界面，如图 18-12 所示。

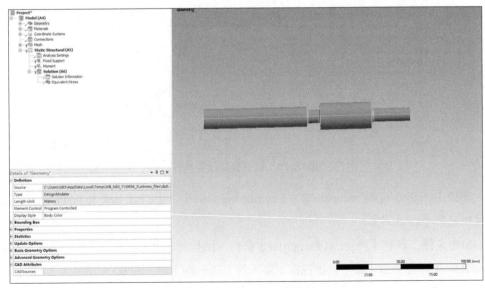

图18-12　Mechanical 分析界面

（2）分配材料属性给几何模型，展开【Geometry】栏，选中 Part 下的所有 Solid，下方出【Detail of "Multiple Selection】，下方出现【Detail of "Part"】参数列表，单击【Assignment】栏中的【Structural Steel】，选择【45 steel】，其他保持默认，如图 18-13 所示。

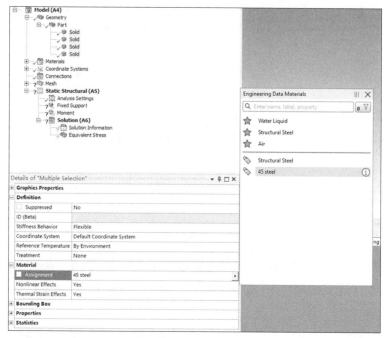

图18-13　赋予材料

（3）右击【Outline】中的【Mesh】，在弹出的快捷菜单中选择【Insert】→【Method】命令，添加网格划分方法。在【Scope】中单击【Geometry】后的【No Selection】按钮，选择所有模型，单击【Apply】按钮，修改【Definition】中的【Method】为【Sweep】，其他保持默认，如图 18-14 所示。

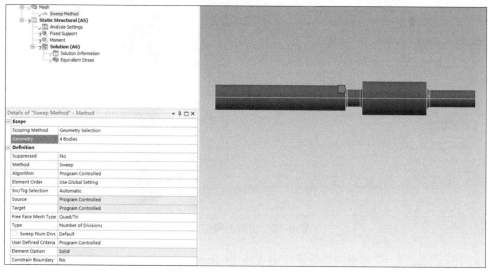

图18-14　设置网格划分方法

（4）右击【Mesh】，在弹出的快捷菜单中选择【Sizing】命令。单击【Scope】中的【No Selection】，按住 Ctrl 键，选择所有模型，单击【Apply】按钮，设置【Definition】中的【Element Size】为 0.5mm，如图 18-15 所示。

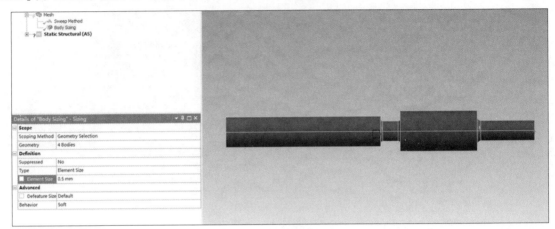

图18-15　设置体网格尺寸

（5）右击【Mesh】，在弹出的快捷菜单中选择【Sizing】（尺寸）命令。单击【Scope】中的【No Selection】，选择图 18-16 所示圆柱面，单击【Apply】按钮，设置【Definition】中的【Element Size】为 0.4mm。

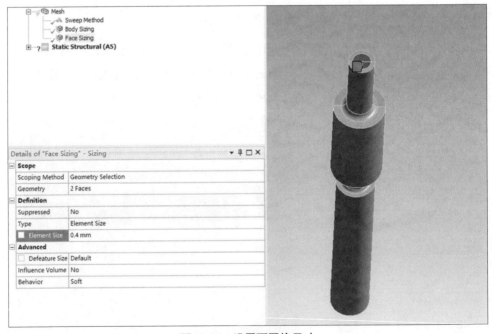

图18-16　设置面网格尺寸

（6）右击【Mesh】，在弹出的快捷菜单中选择【Generate Mesh】命令，即画出了整体的网格模型，如图 18-17 所示。

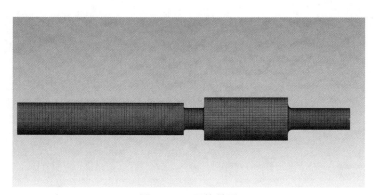

图18-17　网格效果

18.5 载荷施加和边界条件

（1）设置边界条件。右击【Outline】中的【Static Structural（A5）】，在弹出的快捷菜单中选择【Insert】→【Fixed Support】命令，选择工具栏中的选择面命令，按住 Ctrl 键，选中轴柄右侧端面，再单击【Details of Fixed Support】后的【Apply】按钮，如图 18-18 所示。

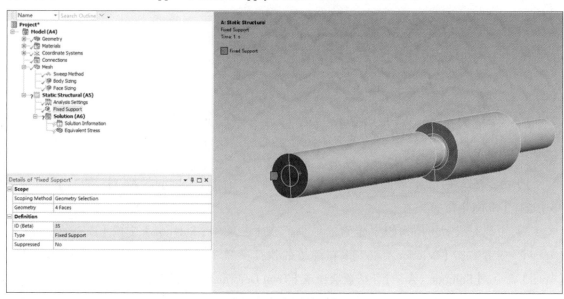

图18-18　设置边界条件

（2）设置载荷。右击【Outline】中的【Static Structural（A5）】，在弹出的快捷菜单中选择【Insert】→【Moment】（力矩载荷）命令，选择工具栏中的选择面命令，选中轴柄左侧圆柱面，单击【Geometry】后的【Apply】按钮。选择完成后，在【Definition】框中将【Define By】修改为【Components】，在【Z Component】后输入 –30000，其他设置保持不变，如图 18-19 所示。

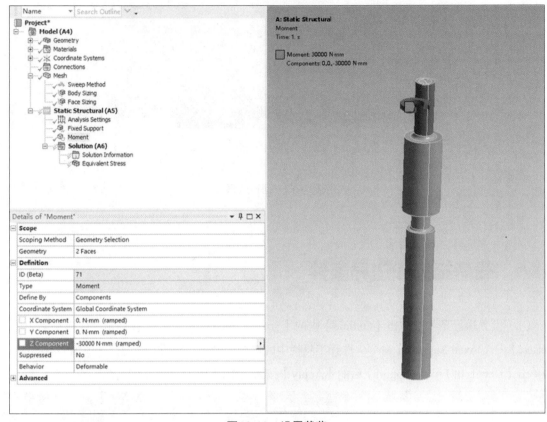

图18-19   设置载荷

18.6   求解设置和后处理

（1）由于是线性分析，因此求解设置保持默认即可。右击【Solution（A6）】，在弹出的快捷菜单中选择【Solve】命令。

（2）加载完成后，插入想要查看的结果。选择主菜单【Solution】中的【Deformation】→【Total】，或者右击【Solution（A6）】，在弹出的快捷菜单中选择【Insert】→【Deformation】→【Total】命令，【Solution（A6）】下方就会出现【Total Deformation】选项，如图 18-20 所示。

（3）采用上述方法，在弹出的快捷菜单中选择【Insert】→【Stress】→【Equivalent（Von Mises）】命令，【Solution（A6）】下方就会出现【Equivalent Stress】选项，如图 18-21 所示。

图18-20 设置插入总体变形

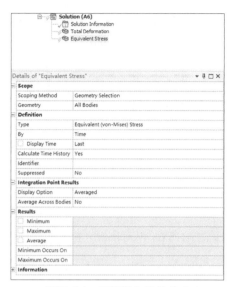

图18-21 设置插入等效应力

（4）选择【Solution（A6）】→【Evaluate All Result】，查看上述结果。选择分析树中想要查看的结果，图形框中就会出现对应的云图。选择【Result】→【Edges】→【No Wireframes】选项，云图就不会显示网格。结构总变形云图如图 18-22 所示，等效应力云图如图 18-23 所示。

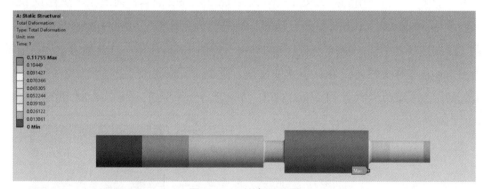

图18-22 总变形云图

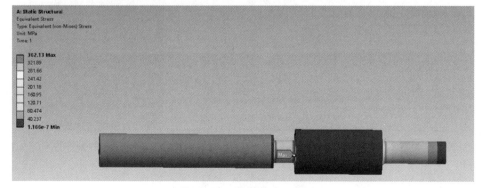

图18-23 等效应力云图

由计算结果可以看出，在 30N·m 扭矩作用下，轴柄最大变形为 0.11755mm；最大应力发生在中间倒角位置，为 362.13MPa。

18.7 保存与退出

（1）选择【File】→【Close Mechanical】命令，退出 Mechanical 分析界面，返回 ANSYS Workbench 主界面。此时主界面项目管理区中显示的分析项目栏后都显示为√，表示分析均已经完成。

（2）在 ANSYS Workbench 主界面单击工具栏中的【保存】按钮，保存包含分析结果的文件。单击右上角的 ×（关闭）按钮，退出 ANSYS Workbench 主界面，完成静力学项目分析。

18.8 疲劳分析设置

（1）由于静力学分析使用的是 ANSYS Workbench 2022 R2 版本，而现在还没有 nCode2022 R2 版本，因此使用 nCode2021，需要单独启动 nCode 进行疲劳计算。启动 nCode2021，进入主界面，界面显示文件夹选择对话框，即 nCode 工作文件夹，如图 18-24 所示，选择静力学计算结果所在文件夹作为 nCode 的工作文件夹，单击【OK】按钮，进入 nCode。

（2）选择左侧主菜单栏中的【DesignLife】，进入疲劳计算界面，如图 18-25 和图 18-26 所示。

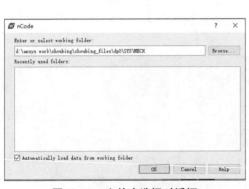

图18-24　文件夹选择对话框

图18-25　选择【DesignLife】

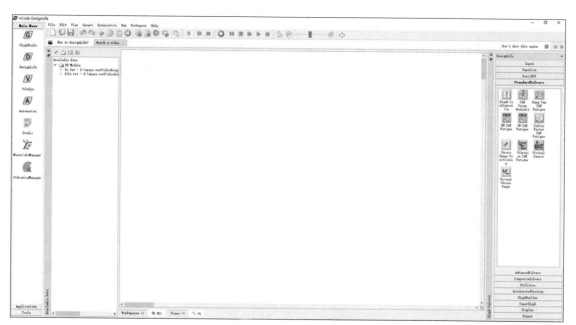

图18-26 nCode疲劳计算界面

（3）在疲劳计算界面左侧【Available Data】中可以看到 ANSYS Workbench 计算得到的结果文件【file.rst】，拖动【file.rst】到右侧空白界面，即出现【FEInput1】窗口，单击【Display】按钮，即可加载并显示出结果模型，如图 18-27 所示。

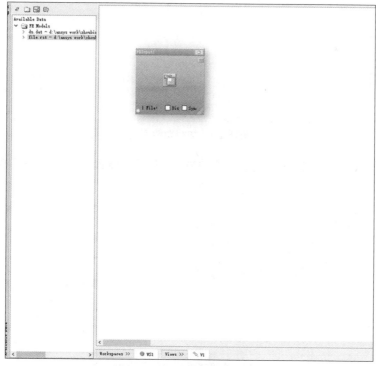

图18-27 结果文件加载

（4）主界面右侧为功能区，在其中可以选择所需要的功能，并将其拖动到主界面。选择功能区中的【StandardSolvers】选项，展开其内容，选择【SN CAE Fatigue】，即应力疲劳求解功能，将其拖动到中间界面；再选择功能区的【Display】选项，选择其中的【FE Display】，即结果显示功能，将其拖动到中间界面，如图 18-28 所示。

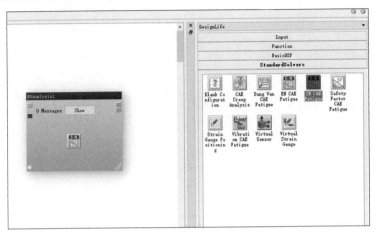

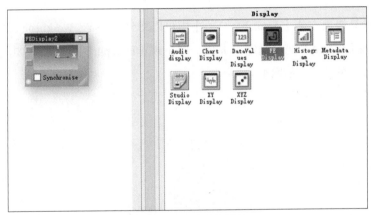

图18-28　加载功能模块

（5）将上述加载的 3 个窗口进行连接，搭建应力疲劳分析流程，如图 18-29 所示。

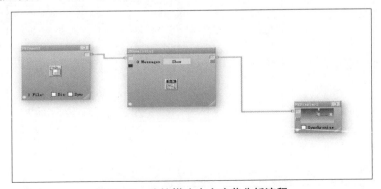

图18-29　连接搭建应力疲劳分析流程

（6）右键单击【SNAnalysis1】→【Advanced Edit】，打开【DesignLife Configuration Editor】，如图 18-30 所示；单击【AnalysisGroup】，在右侧【SelectionGroupType】栏选择【Property】，如图 18-31 所示；单击上方【Select Groups】，可以看到右侧【Selected Groups】下方出现【SOLID_0】，即表示选中了参与计算的体，如图 18-32 所示。

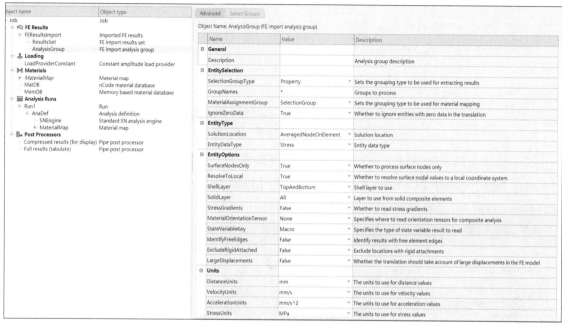

图18-30　Analysis高级编辑界面

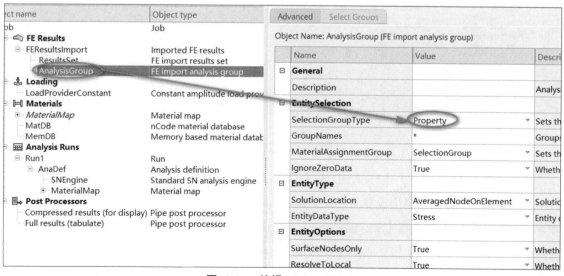

图18-31　编辑AnalysisGroup

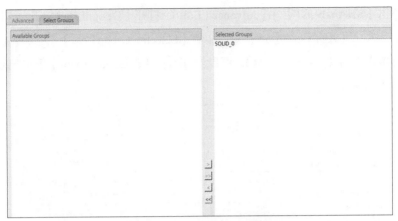

图18-32　通过Property分类

（7）选择【TimeSeriesLP】，右侧出现载荷编辑界面。由于轴柄受到交变载荷，因此在【Loading Type】栏选择【Constant Amplitude】，此时【Load Case Assignment】框中即将载荷加载形式映射到了载荷步上，使之对应了起来，如图 18-33 所示。

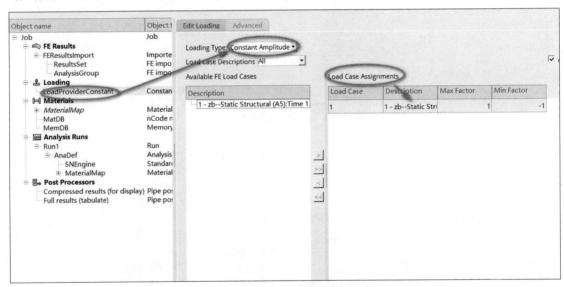

图18-33　载荷映射

（8）选择【Materials】→【MaterialMap】，右侧出现材料编辑界面，在【Database】栏中单击【Generate】按钮，出现材料生成界面，在【Material Name】中输入【45 steel】，在【UTS（MPa）】中输入抗拉强度600MPa，在【Standard Error of log(N)】中输入 0，单击【OK】按钮，即建立好了材料，如图 18-34 所示。将【Database】切换为【MenDB】，下方出现建立好的材料，单击该材料，再单击【Edit Material Map】栏下方的【SOLID_1】，最后单击中间的上箭头，即完成了材料 SN 曲线的赋予，如图 18-35 所示。

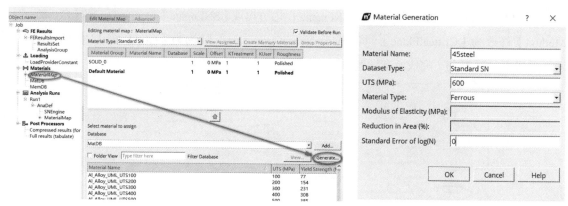

图18-34　创建材料SN曲线

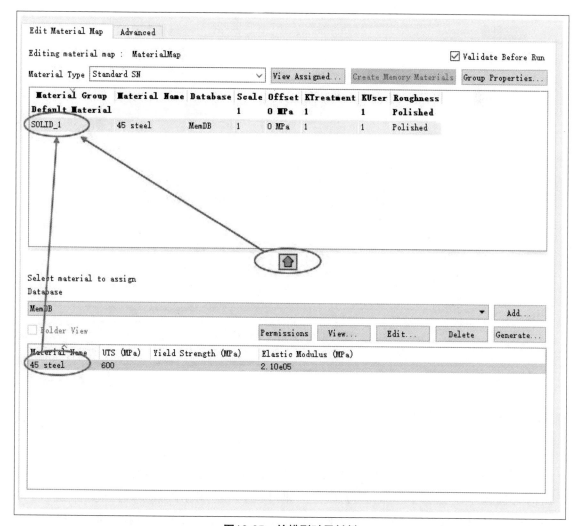

图18-35　给模型赋予材料

（9）单击【Anslysis Runs】栏中的【SNEngine】，右方出现【SNEngine】设置页面，将【Combination Method】修改为【CriticalPlane】，将【MeanStressCorrection】修改为【Goodman】，如图 18-36 所示，单击【OK】按钮，完成所有设置。

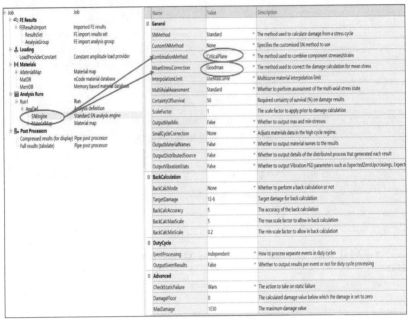

图18-36　平均应力修正及应力组合方法设置

（10）单击主界面中的【Run】按钮，如图 18-37 所示，即可开始疲劳计算。

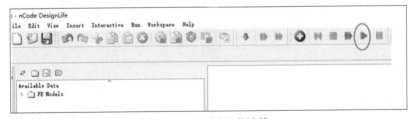

图18-37　开始疲劳计算

18.9　疲劳分析结果

（1）疲劳分析计算结束后，即可查看结果。将【FEDisplay1】窗口最大化，右击窗口界面，在弹出的快捷菜单中选择【Properties】命令，即出现【FEDisplay Properties】界面。选择【FE Display】栏中的【Results Legend】，在右侧页面中将【Result Case】修改为【Results】，将【Result Type】修改为【Life】，即查看计算寿命，如图 18-38 所示。再选择【FE Display】栏中的【Groups】，在右侧页面中将【Group Type】修改为【Property】，如图 18-39 所示。单击【OK】按钮，即出现并可查看寿命云图，如图 18-40 所示。

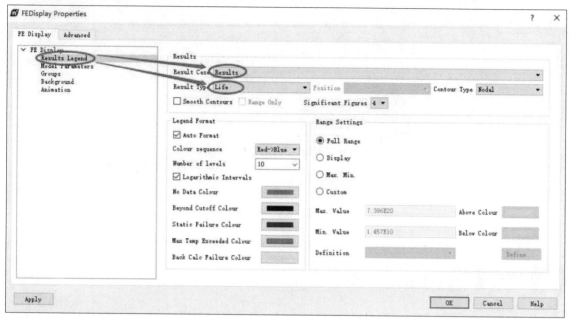

图18-38　设置结果类型显示

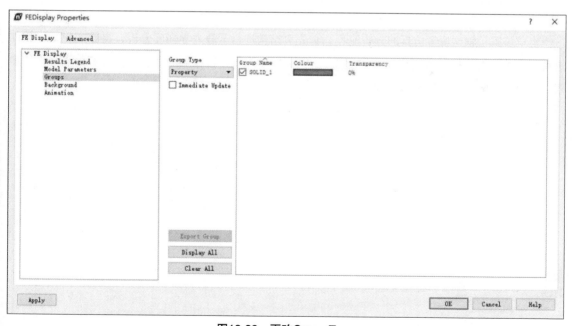

图18-39　更改Group Type

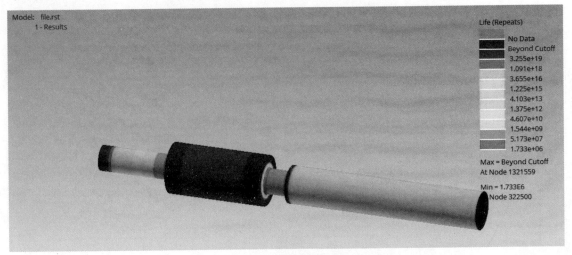

图18-40　疲劳寿命云图

（2）由疲劳寿命云图可以看出，最小寿命为 1.733E6，即电机轴柄可承受 1.733E6 次 30N·m 幅值扭矩的循环加载。

本章小结

本章讲解了轴柄疲劳仿真的分析流程，首先对结构进行了静力学强度分析，再导入 nCode 软件进行了疲劳分析，使读者能够理解和掌握 ANSYS Workbench 和 nCode 联合进行疲劳仿真分析的步骤、约束、求解设置，以及后处理等方法。